やさしくわかる!

文系のための東大の先生が教える

太陽と惑星

監修 杉田精司
東京大学大学院教授

はじめに

今年はアポロの月着陸から55年目です。この間の惑星探査の進展はすさまじく，水星から海王星まで太陽系全体を一気に踏破して，惑星の様々な素顔を明らかにしました。と同時に，新しい惑星に行けば面白い発見がある古き良き時代が終わった寂寥感もありました。

ところが，20紀末から21世紀初頭にかけて，地球外生命の可能性に関する発見があり，新たな展開を迎えました。古火星表面やエウロパやエンセラドスなど氷衛星内部に液体の水が発見されたのです。こうした環境では生命の誕生があり得るし，そうでなくとも無生物的な有機化学進化は起きたはずです。惑星上での化学進化は，実験室では真似できない億年単位の時間を潤沢に使えるので，非常に複雑な物質の合成も期待できます。探査機を飛ばして調査すれば，その天然実験の結果を獲得できるのです。こうした知見は，我々生命が宇宙においてどれだけ普遍的(あるいは稀少)なのかを推察するに役立つでしょう。**今は惑星探査がいよいよ面白くなってきた時代なのです。**

惑星探査のプレイヤーも変わりました。かつては米ソ寡占の場でしたが，欧中印が参画し，アラブ首長国連邦や韓国も火星や月に探査機を送るなど，各国に開かれた場になっています。その中で，日本の躍進は特に注目されています。**C型小惑星サンプルリターンで米国との先陣争いを制し，月面へのピンポイント着陸を世界で初めて実現した実績は，世界で高く評価されています。21世紀の日本は太陽系探査の開拓者であり続け，人類に新しい地平をもたらし続けるでしょう。**本書が，その新しい地平を楽しむために役立ってもらえれば，幸いです。

監修
東京大学大学院理学系研究科教授
杉田 精司

目次

1時間目　太陽系とは何か?

STEP 1

太陽と八つの惑星

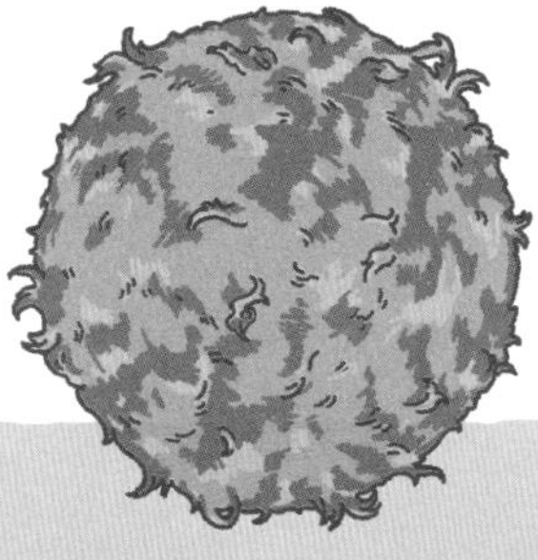

2時間目 太陽系の中心，太陽

STEP 1

太陽系の中心にして最大の天体

3時間目 岩石の惑星
水星・金星・地球と月・火星

STEP 1

太陽に一番近い惑星，水星

STEP 2

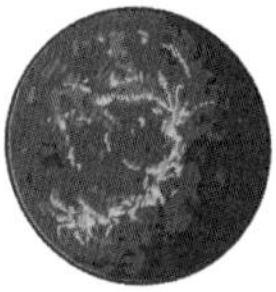

厳しすぎる環境，金星

STEP 3

太陽系で唯一，生命が存在する惑星，地球

STEP 4

地球唯一の衛星，月

STEP 5

地球によく似ている惑星,火星

4時間目 ガスの惑星 木星・土星 氷の惑星 天王星・海王星

STEP 1

太陽系で最大の惑星,木星

STEP 2

巨大なガスの惑星，土星

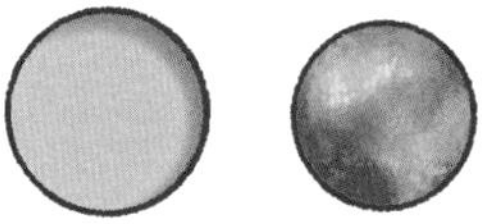

STEP 3

巨大な氷の惑星，天王星と海王星

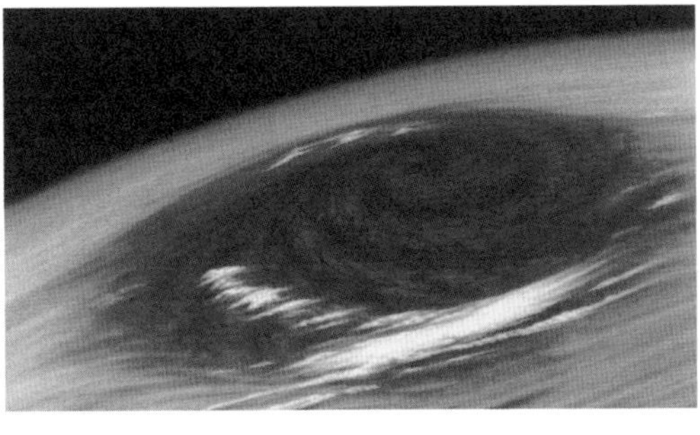

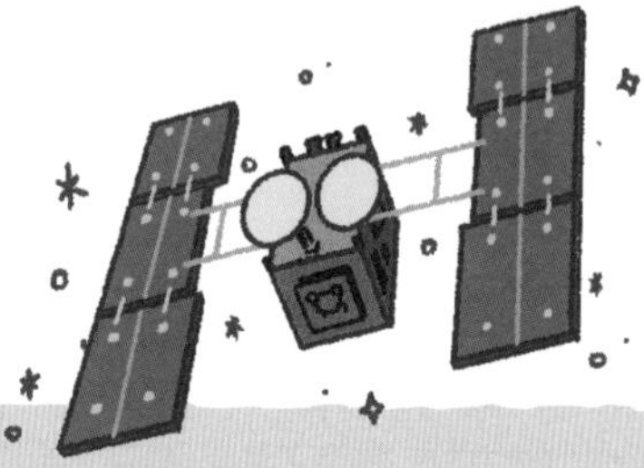

5時間目 太陽系を構成する その他の天体たち

STEP 1

準惑星と小惑星

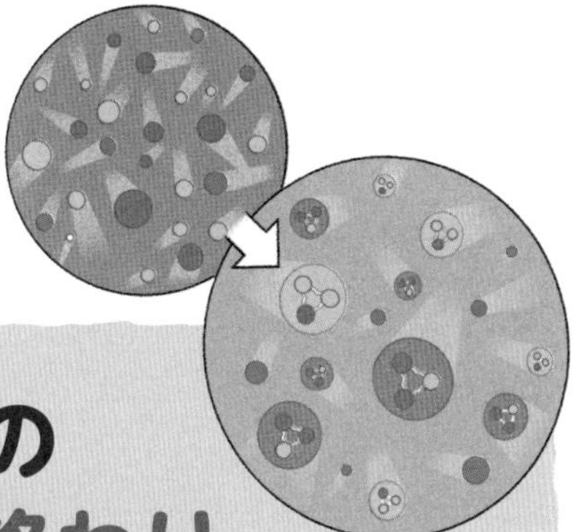

6時間目 太陽系の誕生と終わり

STEP 1

太陽系のはじまり

STEP 2

太陽はやがて燃え尽きる

とうじょうじんぶつ

杉田精司先生

東京大学で惑星科学，惑星探査学を教えている先生。

文系会社員（27歳）
理系分野を学び直そうと奮闘している。

1

時間目

太陽系とは何か？

STEP 1

太陽と八つの惑星

近年，惑星探査技術の開発が進み，太陽や地球以外の惑星のことがわかってきました。はじめに，「太陽系」について，基本的なことからご説明します。

太陽系の探索が進んでいる！

先生！　ここ数年，宇宙開発がすごく活発化している気がします。ついこのあいだも，テレビでSLIMのことを見ました。月に無事に着陸したって……逆立ちみたいな体勢でしたけど，狙った地点にピンポイントで着陸したし，最終的には太陽電池による発電にも成功して月面の精密観測もできたということでしたよね。

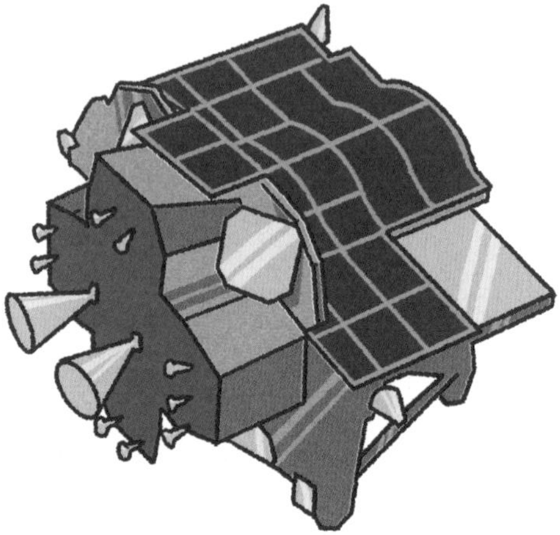

そうですね。SLIM計画には，太陽系の探索をするうえで，狙った地点に狙い通りに着陸する，というミッションがあったんです。ピンポイント着陸に成功したことは，世界的に画期的なことなんですよ。

先生，ピンポイント着陸って，どうして太陽系の探査にとって画期的なんですか？

現在，宇宙探査が進んでいます。それと同時に，天体の調べたいところもたくさん出てきたんです。
しかし，今までの技術では「降りられるところに降りる」ことしかできなかったのです。でも，高精度な着陸技術が確立されれば，調べたいところや，降りたいところに降りることができるようになります。

な〜るほど！

さらにSLIMは小型の探査機でそれを成し遂げました。ということは，少し大きくすればその分，観測用の機器を搭載することも可能となり，十分な観測がおこなえるわけです。だからこそ，SLIMの成功によって，将来の太陽系の探索がさらに進むことが期待されているのです。

いいことづくめですね……。
2020年にも，**はやぶさ2**が地球外の天体から，試料を採取して帰還したことが話題になりましたよね。はやぶさ2が探索した小さな天体に水があった痕跡が見つかって，地球みたいな星がどこかにあるのかも！　なんて話題になりました。

そうでしたね。そのはやぶさ2も，現在もリアルタイムで探索活動が続いていて，観測データが毎日届けられているんですよ。

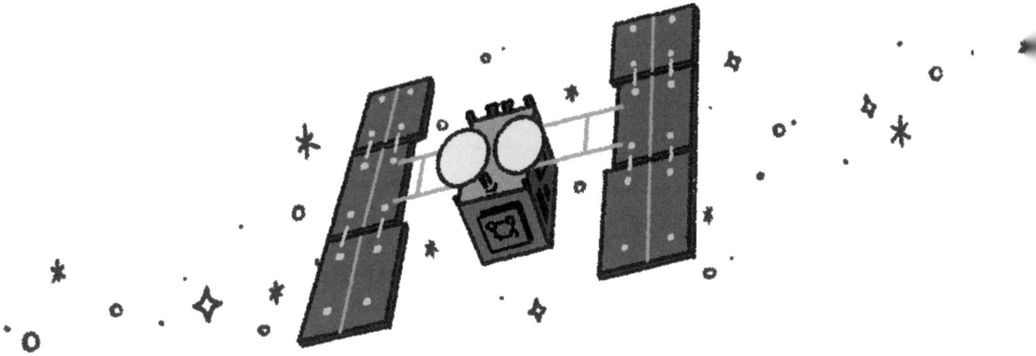

すごいなあ……。何だか，だんだん宇宙が近くなってくるような気がしています。
先生，今や一般人の**月旅行計画**が進んでいたり，人類の**火星への移住計画**が進んでいるなんていう話もありますよね。
近い将来，人類が宇宙旅行をしたり，地球外の星に住む時代がくるんでしょうか!?

そうですねえ，近い将来かどうかはわかりませんが，もはやありえないことではないでしょうね。しかし，膨大な時間と研究を要するでしょうし，そのためには，やはり太陽系の探索は必要不可欠です。

わあ～！　楽しみです！
「夏休みには月に行こうかな～」とか。「火星に転勤なら単身赴任だな……」とか。

ハハハ！　そんなふうになるのは一体いつになるでしょうね。

先生，住めるとしたら，地球以外ならやっぱり火星なんですか？　火星は地球に近い環境だから，火星に移住しよう！　とかいわれていましたよね？

さあ，どうでしょうねえ。だけど，別の星に居住を計画するなら，なおさら太陽系についてよく知っておく必要がありますね。

先生，太陽系について知りたいです！　どの星が住みやすいかも含めて，ぜひ教えてください！

わかりました。それでは太陽系を，二人で一緒に“探査”してみましょうか。

よろしくお願いします！

太陽系は，太陽のまわりを八つの惑星がまわっている

太陽系は，**約46億年前**に誕生したと考えられています。太陽系には，太陽を中心として，太陽から近い順に水星，金星，私たちが暮らす地球，火星，木星，土星，天王星，海王星の八つの惑星が存在しています。

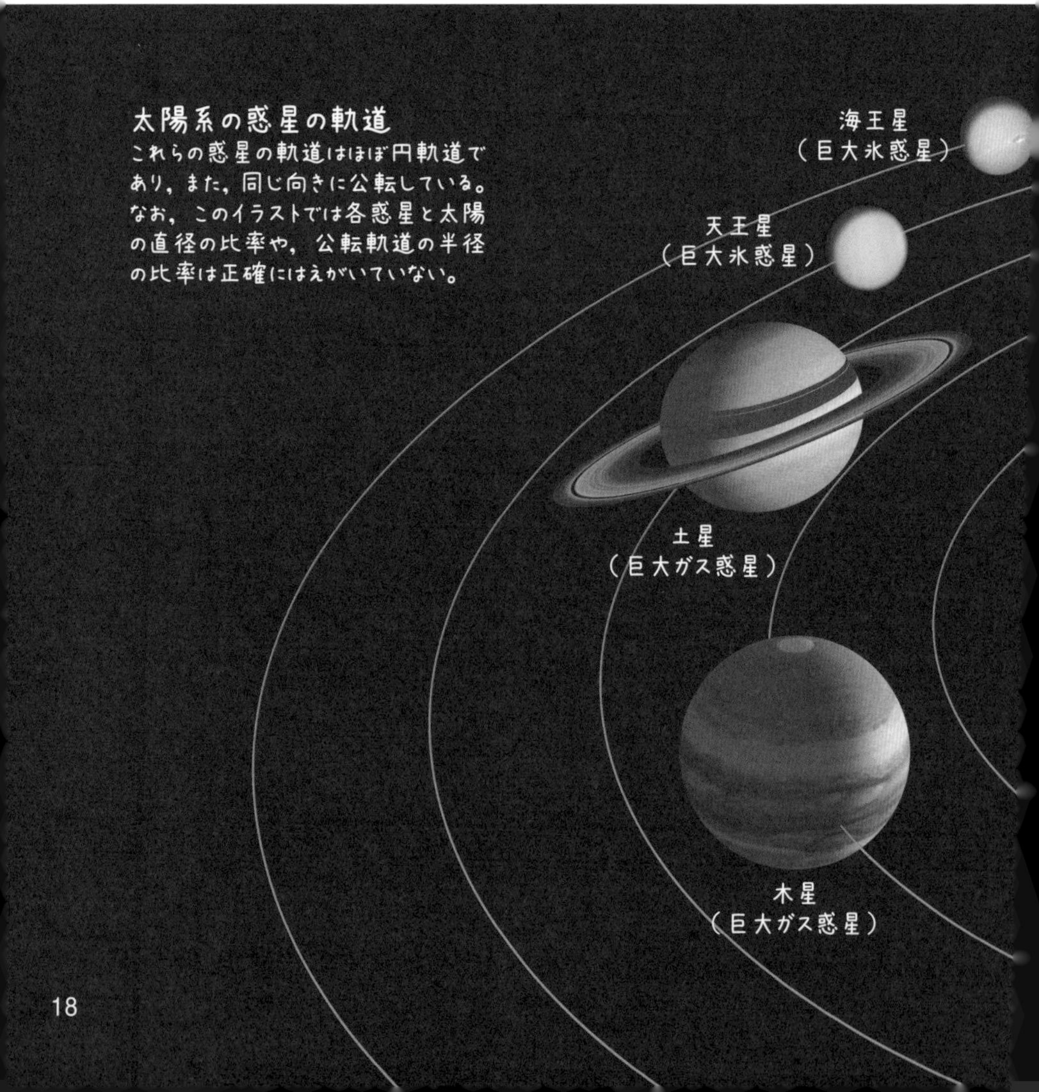

太陽系の惑星の軌道

これらの惑星の軌道はほぼ円軌道であり，また，同じ向きに公転している。なお，このイラストでは各惑星と太陽の直径の比率や，公転軌道の半径の比率は正確にはえがいていない。

すいきんちかもくどてんかいって習いました。

そうそう，その通りです。
そして，これら八つの惑星は，太陽のまわりをそれぞれの軌道でまわっています。

昔見てたアニメで，地球は「太陽系第３惑星」ってよばれてましたけど，太陽に3番目に近い惑星だからなんですね！

そうですね。
太陽系の八つの惑星は，いろいろな分類のされ方をします。たとえば，水星から火星までの四つの惑星は，主に**岩石**と**鉄**からできているため，**地球型惑星**や**岩石惑星**とよばれます。

へええ～。それぞれ組成がちがうんですね。

ええ。木星と土星は大量の**ガス**でできていて，**巨大ガス惑星**とよばれます。中心に氷と岩石でできた固体部分があり，それをガスが取り巻いているんですね。

ガスですか。うーん。住むのは無理そうですねえ。エネルギー資源は豊富そうな感じがしますけど……。
では，天王星や海王星は？

天王星と海王星は主に水の**氷**でできていて，**巨大氷惑星**と分類されます。

巨大氷！　これもまた住環境としてはキビシイですね。
寒そうです……。

そうですねえ。これらの分類のほか，木星より外側の惑星をまとめて**木星型惑星**と分類することもあります。

ポイント！

地球型惑星，岩石惑星
主に岩石や鉄でできた惑星（地球や火星など）

巨大ガス惑星
主にガスでできた惑星（木星，土星）

巨大氷惑星
主に水の氷でできた惑星（天王星，海王星）

また，地球の内側をまわっている惑星を**内惑星**，地球の外側をまわっている惑星を**外惑星**ともいいます。

なるほど，いろいろな分類のしかたがあるんですね。
ところで，なぜ岩石でできた惑星や，ガスや氷でできた惑星があるんですか？

恒星に近い場所は温度が高く，水は気体の状態でしか存在できません。そのため，惑星の材料となるちりの成分は，岩石や金属が主体となるんです。

ふむふむ。

一方，恒星から遠ざかるにつれて温度は低くなり，水が固体（氷）として存在できます。そのため，惑星の材料には，岩石や金属に氷が加わり，そのぶん，とても大きな原始惑星が形成されます。大きな原始惑星は強力な重力を発して周囲のガスを引き寄せます。こうして，木星や土星のような大きなガス惑星が生まれるのです。

なるほど〜！

しかし，恒星から遠すぎると，今度は原始惑星の成長スピードが遅く，ガス雲がなくなってしまう前に十分に成長できないのです。そのため，ガスを引き寄せて巨大化するに至らず，巨大な氷惑星になるのです。

太陽からの距離で惑星のタイプが変わるんですね。

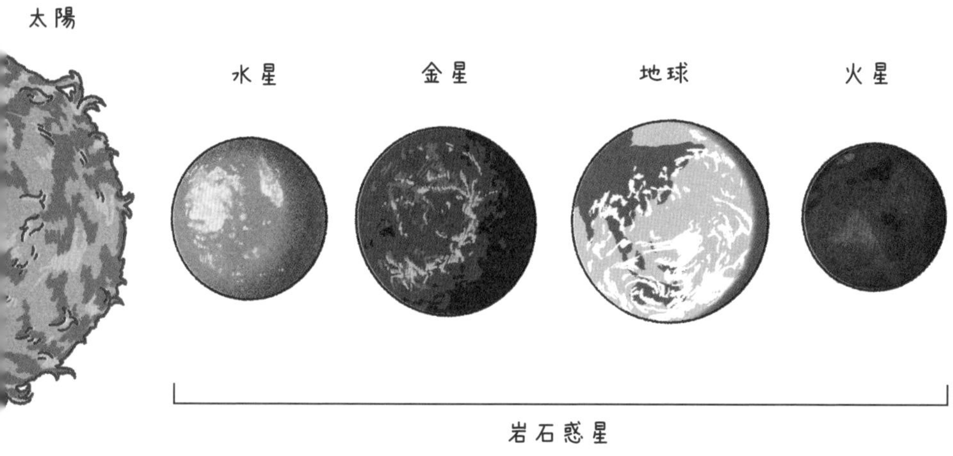

その通りです。こうして，それぞれことなる特徴をもった惑星は，太陽のまわりを，秩序を保ってまわっているわけですね。
恒星のまわりを，ある軌道をえがいて惑星がまわることを**公転**といい，1周するのにかかる期間を**公転周期**といいます。また，惑星はそれぞれ，みずからも回転しています。これを**自転**といい，1回転にかかる時間を**自転周期**といいます。太陽系の惑星は，だいたい同じ平面上で太陽のまわりを自転しながら公転しているんですよ。

だいたい同じ平面上だなんて，それも不思議ですよねえ。惑星は全部，同じような円をえがいてまわっているのですか。

はい。惑星の軌道は，**ケプラーの法則**にもとづいて，太陽を中心に，ほとんど円に近い楕円をえがいているんですよ。

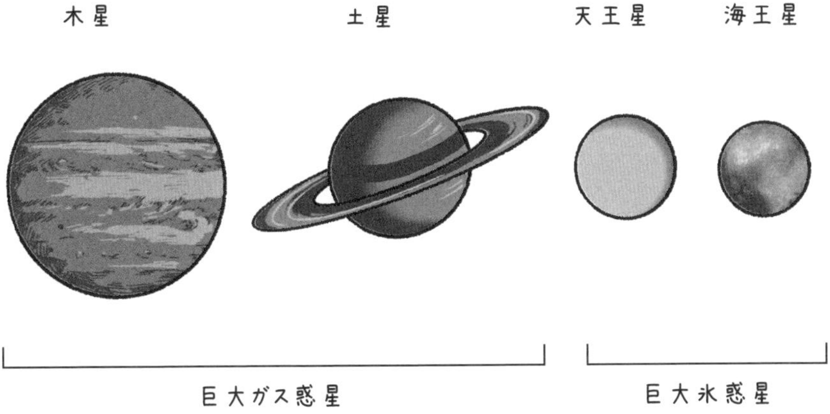

ケプラーの法則？

はい。ケプラーの法則とは，ドイツの天文学者**ヨハネス・ケプラー**（1571～1630）が発見した，惑星の運動に関する3大法則です。**「惑星の軌道は，太陽を焦点に楕円をえがく（楕円軌道の法則）」**は，その3大法則のうちの一つなんです。

ヨハネス・ケプラー
（1571～1630）

太陽系の各惑星の軌道図

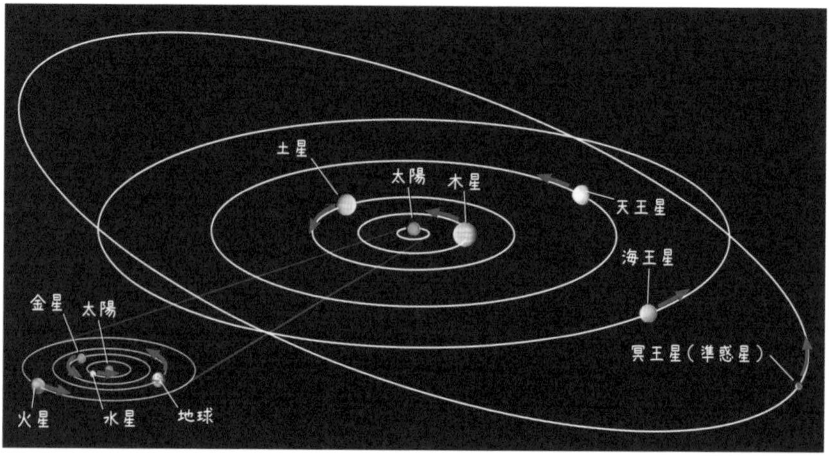

そんな昔に惑星の軌道に関する法則が発見されていたんですね。

そうなんですよ。また，自転周期も公転周期も，それぞれの惑星ごとにことなります。
たとえば，地球の自転周期は**24時間**で，公転周期は**365日**ですよね。ところが水星の場合，自転周期は**約59日**，公転周期は**約88日**なんです。

ええ～！　水星は，1日がほぼ2か月で，1年は88日ってわけですか。

水星の一つ外側をまわる金星は，自転周期は**243日**，公転周期は**約225日**です。

えっ，えっ，1日が243日？　しかも1年より1日のほうが長い!?

面白いでしょう。ちなみに，地球の一つ外側をまわっている火星の場合，公転周期は，**約2年**です。

2年で1周～!?

2年でおどろいている場合ではないですよ。木星の公転周期は**約12年**，土星は**約29年**，天王星は**約84年**，海王星に至っては，なんと**約164年**という歳月をかけて，太陽のまわりを1周しているんです。

どっひゃ～！

太陽系の，個性豊かなメンバーたち

さて，太陽系の八つの惑星をざっと紹介しましたが，太陽系のメンバーは，この八つの惑星だけではありません。惑星のまわりには**衛星**がまわっており，惑星のほかに，五つの**準惑星**もあります。また，そのほかにも，たくさんの**小天体**があります。太陽を中心としたこれらの天体の集まりを「太陽系」というのです。

「すいきんちかもくどてんかい」プラス，それに付随するさまざまな天体を合わせて太陽系なんですね。地球の衛星は月というのは知っていましたけど，月以外にも衛星ってたくさんあるんですねえ。それに，「準惑星」なんてはじめて聞きました。

順番に見ていきましょうか。
まず衛星は，惑星のまわりを公転している天体のことです。おっしゃる通り，月は地球の唯一の衛星です。一方，火星より外側の，木星から海王星までの惑星は，多くの衛星をもっています。でもそれらの衛星のほとんどは，月とはことなり，中心となる惑星に対して1万分の1以下の質量しかありません。

へええ……。木星や天王星，海王星は衛星がたくさんあるけれど，とても小さいんですね。
その次の準惑星というのはどんな天体なんですか？

準惑星は，質量が十分に大きくて，みずからの引力でほぼ球形をとっているものの，その軌道の近くできわだって目立つ存在ではない，衛星以外の天体です。

惑星よりもちょっと下のランクっていうイメージですね。でも，そんな天体あったかなあ。

実は準惑星は，2006年に定められた新しいカテゴリーなんです。ですから，それまで惑星とされていた冥王星は，このときから準惑星となったんです。

ああ，冥王星ですか！　どうりで！　親が，「すいきんちかもくどってんかい“めい”！」って言ってたので，変だなと思っていたんですよ。かつては冥王星は惑星だったんですね。

そうなんです。それから，惑星，衛星，準惑星以外を**小天体**といいます。小天体はさらに**小惑星**，**太陽系外縁天体**，**彗星**などに分類されます。

小天体もいろいろあるんですね〜。

ええ。**小惑星**は，主に火星と木星のあいだに存在する小さな天体群で，小惑星がある場所を**小惑星帯**といいます。惑星よりも小さいけれど，惑星と同じように太陽のまわりを公転しています。

文字通り，小さい惑星だから「小惑星」なんですね。

そうです。一方，**太陽系外縁天体**は，海王星より遠くに位置する小天体です。ただし，これら小惑星・太陽系外縁天体の中には，冥王星と同じく準惑星に分類された天体もあります。

なるほど。

彗星は，太陽から**1000〜10万天文単位（au）**離れた領域からやってくる小天体です。**核**（氷やちりでできた本体）と，**コマ**（核をおおう大気）そしてガスやちりでできた**尾**をもっています。**ほうき星**といわれることもあります。

天体の種類		
恒星	みずから光り輝く天体。	
惑星	恒星のまわりをまわる天体。みずから光を出すのではなく，恒星の光を反射して輝く。	
衛星	惑星のまわりをまわる天体。	
準惑星	球状で，質量が十分に大きいものの，その軌道の近くにほぼ同様の天体が存在し，きわだって目立つことのない，衛星以外の天体。	
小天体	小惑星	大部分が火星と木星のあいだにある「小惑星帯」とよばれる場所に存在する，主に岩石質の小天体。
	太陽系外縁天体	海王星より遠くの位置に存在する，氷と岩石からなる小天体。
	彗星	太陽から千～10万au離れた領域からやってくる，主に氷からなる小天体。

天文単位？

天文単位とは，天文学で用いられる距離の単位で，au《エーユー》とあらわします。1auは**約1億5000万キロメートル**で，これは地球と太陽のあいだの平均距離にほぼ等しい値です。

ポイント！

天文単位（au）……天文学で用いられる距離の単位。

1au＝約1億5000万キロメートル
地球と太陽間の距離にほぼ等しい。

彗星ってそんな遠くからやってきていたんですね！

そうなんですよ。
また，彗星の公転軌道は，惑星や小惑星とはちがって，細長い楕円の軌道をえがくものが多くあり，公転周期は200年未満のものと，200年以上のものに分かれます。楕円軌道をえがくものでは，約75年に一度やってくる**ハレー彗星**が有名ですね。

親が「高校生のときに見た！」と自慢してました。

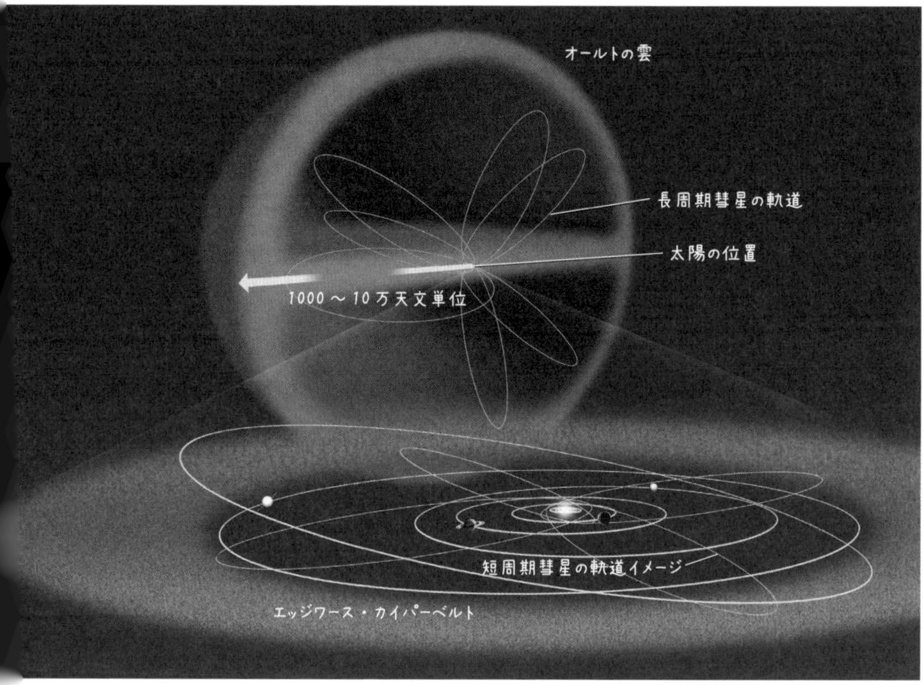

ちなみに，彗星には**双曲線軌道**をえがくものもあります。この軌道をえがく彗星は，一度太陽に近づくと，その後二度と戻ってくることはありません。

宇宙の彼方からやってきて，また宇宙の彼方へ去っていくんですね……。
太陽系って，いろいろな天体があるんですね。

そうですね。このように，**太陽の引力がおよぶ範囲内にあるさまざまな天体を一つのまとまりとしたものが「太陽系」なんですね。**
それぞれの天体については，あとからそれぞれ，くわしく見ていきましょうね。

地球がビー玉だとしたら，太陽は大玉転がしの大玉くらい

太陽系の星々のサイズについて見てみましょう。
太陽系の中で一番大きな天体は，もちろん太陽です。その大きさは圧倒的で，太陽の赤道半径は**約69万6000キロメートル**です。8惑星の中で最も大きい木星の赤道半径は約7万1000キロメートルですから，約10倍の差になります。

ひゃああ～！
太陽ってやっぱり大きいですね！

ちなみに地球の赤道半径は**約6400キロメートル**で，太陽と8個の惑星の中では6番目の大きさです。反対に，最も小さいのは水星で，赤道半径は**約2400キロメートル**しかなく，木星の約30分の1しかありません。

うう～ん，大きすぎてサイズ感が実感できません……。

たとえば，地球の直径を1センチメートルの**ビー玉**と仮定すると，太陽は約110センチメートルくらいで，運動会の大玉転がしで使われる**大玉**くらいのサイズ感でしょうか。木星は陸上競技で使われる**砲丸**，一番小さい水星は**BB弾**（おもちゃのピストルの弾）といった感じですね。

わかりやすい！　太陽って，とんでもなく巨大ですね！

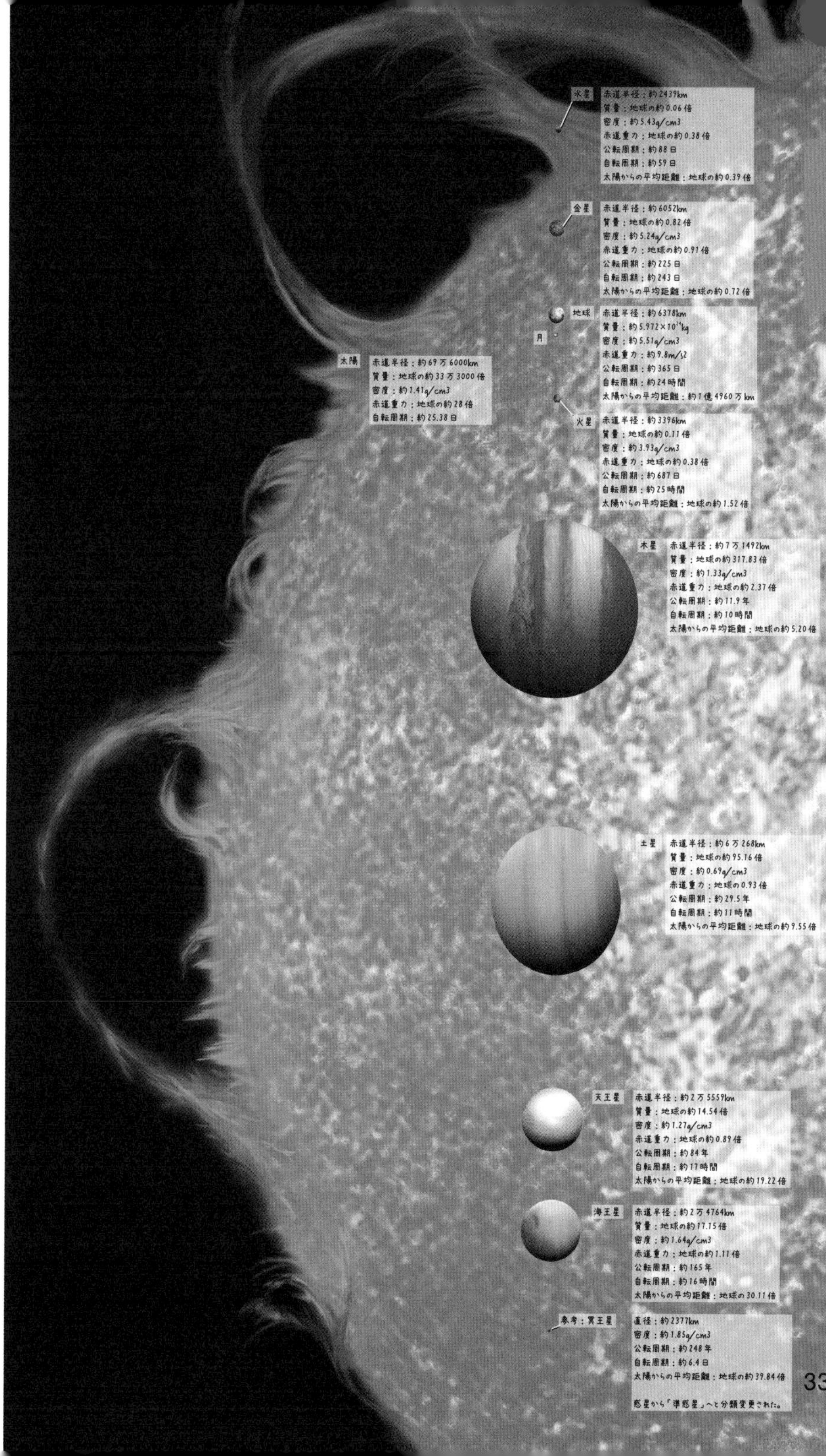
水星
赤道半径：約2439km
質量：地球の約0.06倍
密度：約5.43g/cm3
赤道重力：地球の約0.38倍
公転周期：約88日
自転周期：約59日
太陽からの平均距離：地球の約0.39倍
金星
赤道半径：約6052km
質量：地球の約0.82倍
密度：約5.24g/cm3
赤道重力：地球の約0.91倍
公転周期：約225日
自転周期：約243日
太陽からの平均距離：地球の約0.72倍
地球
月
赤道半径：約6378km
質量：約5.972×10^{24}kg
密度：約5.51g/cm3
赤道重力：約9.8m/s2
公転周期：約365日
自転周期：約24時間
太陽からの平均距離：約1億4960万km
太陽
赤道半径：約69万6000km
質量：地球の約33万3000倍
密度：約1.41g/cm3
赤道重力：地球の約28倍
自転周期：約25.38日
火星
赤道半径：約3396km
質量：地球の約0.11倍
密度：約3.93g/cm3
赤道重力：地球の約0.38倍
公転周期：約687日
自転周期：約25時間
太陽からの平均距離：地球の約1.52倍
木星
赤道半径：約7万1492km
質量：地球の約317.83倍
密度：約1.33g/cm3
赤道重力：地球の約2.37倍
公転周期：約11.9年
自転周期：約10時間
太陽からの平均距離：地球の約5.20倍
土星
赤道半径：約6万268km
質量：地球の約95.16倍
密度：約0.69g/cm3
赤道重力：地球の0.93倍
公転周期：約29.5年
自転周期：約11時間
太陽からの平均距離：地球の約9.55倍
天王星
赤道半径：約2万5559km
質量：地球の約14.54倍
密度：約1.27g/cm3
赤道重力：地球の約0.89倍
公転周期：約84年
自転周期：約17時間
太陽からの平均距離：地球の約19.22倍
海王星
赤道半径：約2万4764km
質量：地球の約17.15倍
密度：約1.64g/cm3
赤道重力：地球の約1.11倍
公転周期：約165年
自転周期：約16時間
太陽からの平均距離：地球の30.11倍
参考：冥王星
直径：約2377km
密度：約1.85g/cm3
公転周期：約248年
自転周期：約6.4日
太陽からの平均距離：地球の約39.84倍
惑星から「準惑星」へと分類変更された。

太陽から海王星までは，新幹線でどれくらい？

サイズ感ついでに，太陽からの距離についても見てみましょう。
さて，太陽に一番近い水星から太陽までどれくらい離れていると思いますか？

えーっ……，見当もつきませんよ。

そうですよね。まず，太陽から水星までの距離は，**約5800万キロメートル**です。

ええと，このあいだ友だちと静岡までツーリングに行ったんですよ。都内で待ち合わせて，富士山のふもと付近までだいたい100キロメートルほどでしたから……。
わー！　とてつもない距離ですね！

すごいでしょう。では新幹線に乗って，水星から太陽に旅行に行くと仮定してみましょう。
時速300キロメートルと仮定すると，水星を出発して太陽にたどり着くのに22年以上かかる計算になります。

新幹線で22年！

しかもこれは，太陽に最も近い水星の場合ですからね。
太陽から最も遠い海王星だと，太陽までの距離は約45億キロメートルもありますから，同じように新幹線で行けば，約1710年かかる計算になります。

せんななひゃくねん!?

とんでもないでしょう。ちなみに光の速さをもってしても，到達まで約4時間かかる計算になります。

むむむ……。

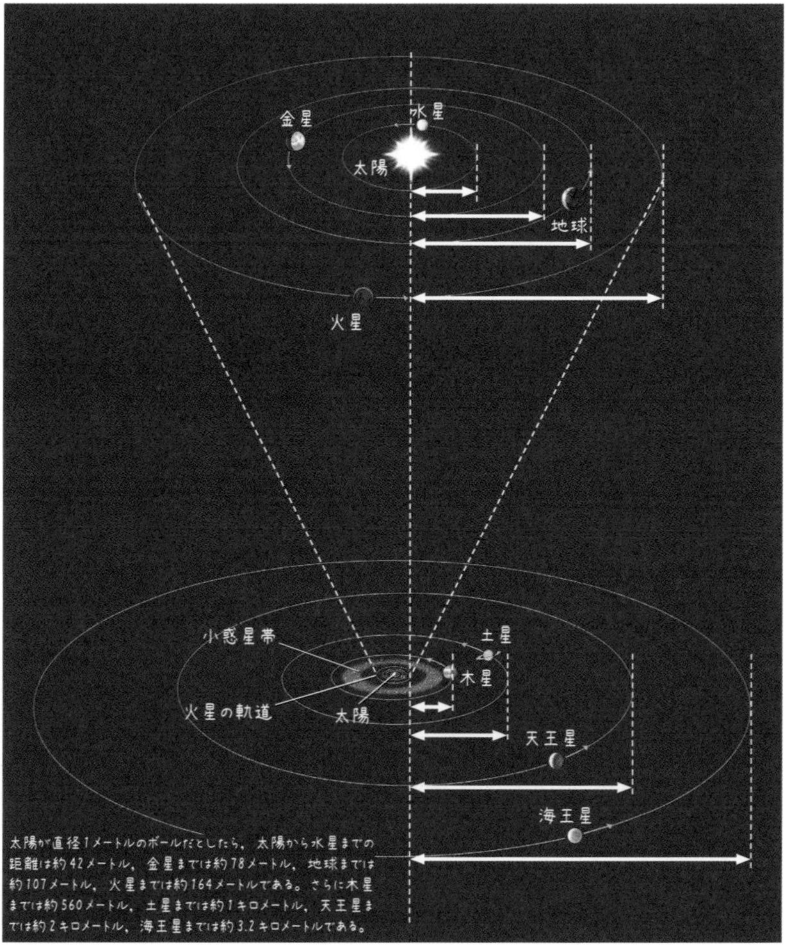

太陽が直径1メートルのボールだとしたら，太陽から水星までの距離は約42メートル，金星までは約78メートル，地球までは約107メートル，火星までは約164メートルである。さらに木星までは約560メートル，土星までは約1キロメートル，天王星までは約2キロメートル，海王星までは約3.2キロメートルである。

太陽系って，どれくらいの大きさ？

先生，宇宙って，とんでもなく広いですね……。

そうなんですよ。では今度は，“宇宙”の中での太陽系のスケール感についても見てみましょうか。

はい！　とんでもなく広いことはわかります。

フフフ。ではまず，太陽系の位置について見てみましょう。まず，太陽系は，**天の川銀河**という銀河の中に存在しています。銀河とは，たくさんの天体が集まり，円盤のような形を構成しているものです。

さて先ほど，太陽の大きさについてお話ししましたね。

はい! とんでもなく大きいですよね。

この天の川銀河の中には，太陽のような恒星が1000億～数千億個も存在していて，それらが円盤のような形に分布して天の川銀河を構成しているんです。

太陽が数千億個!?

とんでもないでしょう。
そして，天の川銀河の大きさは，**直径約10万光年**といわれています。
1光年とは，秒速30万キロメートルで進む光が，1年で進む距離のことです。つまり，**光が天の川銀河の端から端まで通過するには，10万年かかるということになります。**
ですから，私たちにとっては巨大な太陽も，銀河規模でながめると，1000億～数千億個の恒星のうちの一つにすぎないんですね。

気絶しそうです……。

太陽系は，この天の川銀河の中心から2万6000光年の位置にあるとされています。
そして，天の川銀河自体も回転していて，太陽系もまた，約2億年かけて，この巨大な円盤を1周するんですよ。

ひゃあ～!

太陽系って，天の川銀河の端っこにあるんですね。

そうですね。中心からかなり離れた場所に位置しているといえるでしょう。つまり私たちは，天の川銀河の郊外に住んでいる，というわけです。

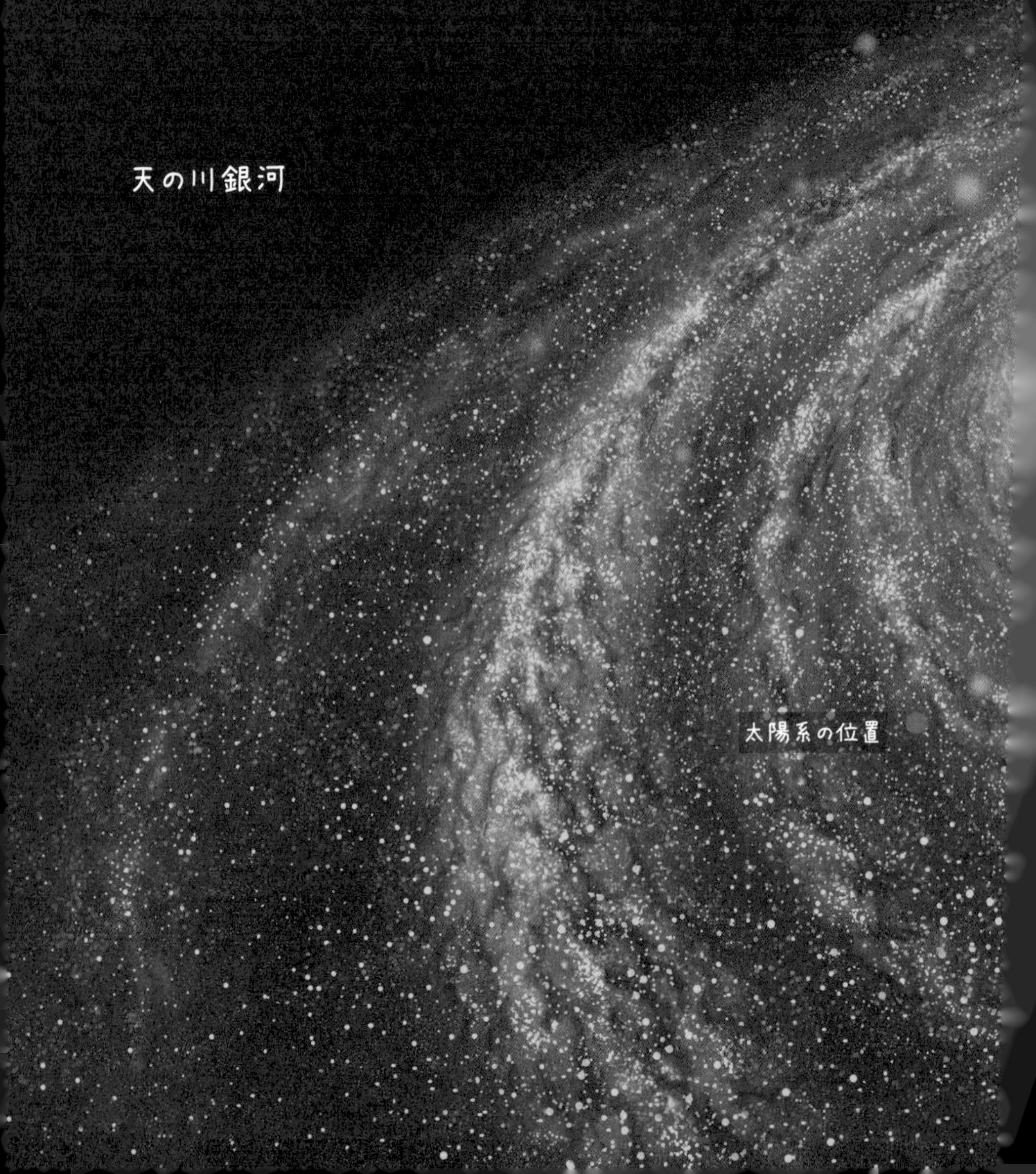

ちなみに，望遠鏡で観測可能な範囲の宇宙には，こうした銀河が約1000億個もあると見積もられているんです。

1000億個!?

すごいでしょう。しかも，あくまでも“観測可能な範囲”での数ですからね。さらに，数百から数千の銀河が集まって**銀河団**という集団を形成している領域もあり，さらに銀河団が複数集まって**超銀河団**を形成することもあるのです。

あまりに壮大すぎて，クラクラします……。

“宇宙”といっても，どこまで広がっているのか，その規模はまだ誰にもわからないんですよ。そして，太陽系は，その中の小さな小さなグループの一つなんです。

とほうもないですね……。

太陽系がどうやってできたのかはまだ議論中

先生，今まで月や星を眺めて“宇宙は広いなあ～”なんて考えていましたけど，今のお話を聞くと，何というか，広大すぎて気が遠くなってしまいます……。

そうですよね。
まあ，「宇宙」というととてつもなくなってしまいますから，まずはわれわれの太陽系探索を続けましょう。

はい！　先生，そもそも「太陽系」って，太陽の引力がおよぶ範囲にある天体ということでしたが，距離的にはどこまでが太陽系なんでしょう？

今のところ，“彗星のふるさと”といわれるオールトの雲がある**10万au**ほどまでが，太陽系の範囲とされていますね。

彗星がやってくるところですね。

ええ。一番遠くの惑星である海王星のさらに外にある準惑星の冥王星よりももっともっと遠くまで，太陽系は広がっているのです。

せいぜい冥王星ぐらいまでかなあと予想していましたが，太陽系はけたちがいの大きさですね。それにしても先生，太陽系は，どうやって生まれたんですか？

太陽系の誕生は，**45億6700万年前**にさかのぼります。
最初に，核融合をおこしてみずから輝く恒星である太陽が生まれました。それと同時に，水素やヘリウムを主な成分とするガスや，岩石・金属・氷の粒などのちりが太陽のまわりに円盤状に集まって，**原始惑星系円盤**がつくられたんです。

原始惑星系円盤

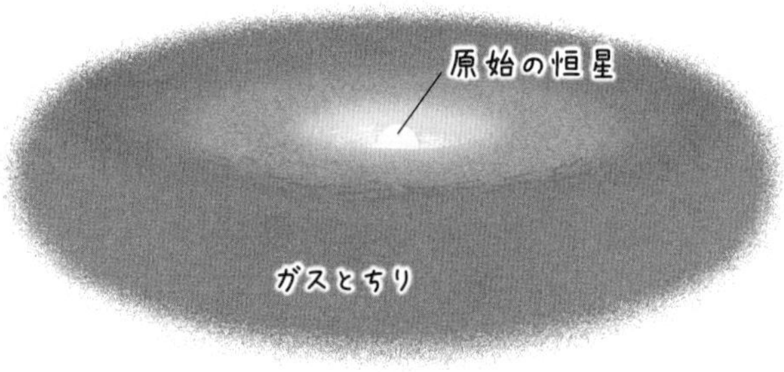

まるで銀河の形みたいですね。

円盤は高速で回転していて，その中で，ちりどうしは衝突・合体をくりかえし，**微惑星**とよばれる小天体となっていきました。そして，微惑星はさらに衝突・合体をくりかえし，**原始惑星**となりました。大きくなると重力も増すため，周囲の微惑星を次々に引き寄せていくことで，さらに大きな**惑星**へと成長していったんです。

八つの惑星は同時期に生まれたんですか。

誕生した順番には多少ズレがあります。
まず,「巨大ガス惑星」である木星と土星ができました。これらの惑星は,自分の重力によって円盤のガスを集めて,ガス惑星になったのです。続いて,太陽の近くでは「岩石惑星」の水星・金星・地球・火星ができ,太陽から遠く離れたところで「巨大氷惑星」の天王星・海王星ができたと考えられています。

なるほど……。惑星ができるまで,気が遠くなりそうな時間がかかったんでしょうねえ。

いいえ,惑星の形成までは,太陽の誕生からわずか数千万年以内の出来事だと考えられています。

わずか数千万年ですって!?……太陽系が生まれたのは45億6700万年前だとすると,数千万年は確かに短いといえるのかもしれないなぁ。

さて,今お話しした惑星の形成は,1970〜80年代に京都大学の**林忠四郎博士**(1920〜2010)らの研究グループが提唱した**京都モデル**といわれる理論で,現在も太陽系形成論の基礎になっています。
現在はさらに研究が進み,この10年ほどで,太陽系の形成理論は大きく進展し,20世紀に信じられていた理論は大きく変わってきているのです。

そうなんですか?

たとえば，「海王星は，材料物質の少ない太陽系の遠方ではつくられないのではないか？」という長年の疑問がありました。これは，「惑星大移動仮説」という理論によって，部分的に解決できる道筋が見えています。現在はむしろ，惑星大移動が本当にあったのか？　という議論に変わってきています。

いろいろな議論が重ねられてきたんですね。

そうなんです。京都モデルをもとに，たくさんの惑星形成モデルが立てられては消えていきました。太陽系形成論はいまだ議論が続いています。

現代のテクノロジーをもってしても，いまだに解けない謎があるなんて。宇宙って，どれだけ奥深いんでしょうね……。
ほかにはどんなモデルが出たんですか？

たとえば，2005〜2015年ごろには，惑星は最初から現在の位置にあったのではなく，最初に形成された位置から大きく内側や外側へ移動したとする**ニースモデル**や**グランド・タック・モデル**などが考えられました。しかしこれらのモデルはその後，見直されています。
実のところ，一つの惑星形成モデルで太陽系形成のすべてを矛盾なく説明することはむずかしく，いくつかのモデルを複合して考える必要がありそうなのです。

一つの説で解決できるほど単純ではないんですね。

ポイント！

京都モデル

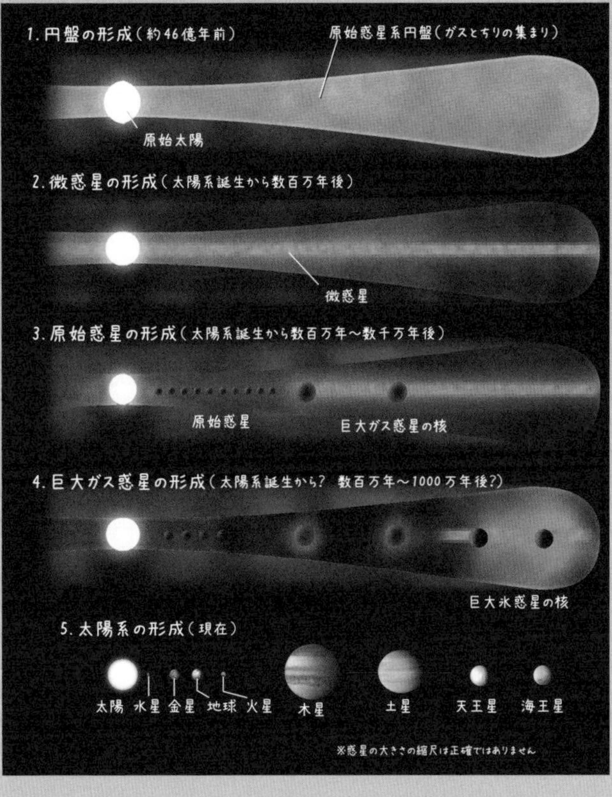

1. 太陽のまわりに，水素やヘリウムを主な成分とするガスやちりが円盤状に集まって原始惑星系円盤をつくった。

2. ダストが衝突や合体して成長した。さらにそれらが集まって数キロメートルサイズの微惑星をつくっていった。
   近年では，微惑星は太陽系内のあらゆる場所でできたのではなく，原始惑星系円盤内で，局所的につくられたとする説「微惑星環モデル」がある。

3. 微惑星どうしは衝突・合体をくりかえして，月や火星サイズまで，木星以遠ではそれ以上まで大きくなり，原始惑星ができた。
   近年では，木星の核は，数センチサイズのペブル（小さい氷のかけら）が集まってできたとする新説「ペブル集積モデル」がある。

4. 原始惑星が円盤のガスを集めて巨大ガス惑星が形成された。外側では巨大氷惑星の核もできた。

5. 内側では原始惑星がさらに集積して大きくなり岩石惑星が，外側では巨大氷惑星ができた。惑星の移動や小惑星の衝突期などを経て，現在の姿になった。
   近年では，木星や土星，天王星，海王星は，形成中または形成後に現在の位置に移動したとする説「惑星移動モデル」がある。特に海王星は，今の位置より内側でつくられ外側へ移動したのは，ほぼ確実だと考えられている。

そうですね。ですからまずは，惑星形成の過程の根源を理解することが重要なんです。

なるほど……。

現在は，シミュレーションによる理論研究が進む一方で，実際の観測が進んだことも，太陽系形成論の議論を加速させています。たとえば，チリにある電波望遠鏡**アルマ望遠鏡**では，太陽系の外にある恒星の原始惑星系円盤を直接観測することに成功しています。

太陽系の外!?　原始惑星系円盤って，先ほどのお話だと，惑星が生まれる前段階の状態ですよね。ということは，太陽系と同じような構造ができていく様子を見られるかもしれないんですか？

その通りです。もちろん，私たちの太陽系と単純に比較はできませんが，今まさに惑星が形成されようとしている現場を見ることが可能になったわけですね。
現在，探査機や望遠鏡での観測が進み，太陽系のことはもうほとんど解明されたのではないかと思う人もいるかもしれません。しかし，まだまだたくさんの謎が残されており，現在，惑星形成の研究では白熱した議論がおこなわれているのです。

まだまだ議論のまっただ中だなんて。本当に宇宙ってとてつもないですね！

太陽系の謎に挑む，さまざまな探査機

太陽系の惑星の様子が解き明かされてきたのは，昨今の探査技術の発達によるところが大きいのはまちがいありません。ここで少し，宇宙探査の方法や種類についてご紹介しておきましょう。

うわ～！　宇宙探査なんて，想像もつきませんよ。

宇宙探査の方法は，大きく分けて5種類あります。
まず目標天体の近くを通り過ぎながら観測する**フライバイ**，天体を上空からしばらく観測する**ランデブー**，天体の周回軌道に入る**周回（オービター）**，天体への**着陸（ランダー）**，そして，着陸して自走する**表面移動探査（ローバー）**です。

ポイント！

惑星探査の方法

フライバイ……目標天体の近くを通り過ぎながら観測する。

ランデブー……天体を上空からしばらく観測する。

周回（オービター）……天体の周回軌道に入る。

着陸（ランダー）……天体に着陸する。

表面移動探査（ローバー）……天体に着陸・自走する。

そんなにたくさんの探査方法があるんですね！

そうなんです。しかし，かならずしも，これらの方法を自由に選択できるわけではありません。
たとえば，天体を周回して観測するには，探査機をちょうどよい速度まで加速・減速して周回軌道に入らなくてはなりません。そのためにはたくさんの**燃料**が必要になります。しかし，燃料が多いと，探査機が重くなってしまうんです。探査機が重いと，そのぶん，大型のロケットで打ち上げなければなりませんから，**コスト**もかかってしいます。

重いと，打ち上げコストに響いてくるわけですか。
とはいえ，遠くの天体に行くには，燃料は絶対必要ですもんね。どうすればいいんですか？

ズバリ，燃料を**節約**するんです！

節約？

はい。燃料を節約する方法として近年よくもちいられているのが，惑星の引力や運動のエネルギーを利用して，探査機を加速・減速させる**スイングバイ**という技術です。これは，探査機が惑星の近くを通るときに，その惑星のエネルギーを利用して，探査機を方向転換させたり，加速・減速させたりする方法です。

惑星のエネルギーを利用する!?　一体どうやって!?

たとえば探査機が地球を離れて別の惑星に近づくと，その惑星の引力（重力）の影響を受けて，惑星に引き寄せられます。この引力を利用すれば，余計な燃料を使わずに探査機の方向を調節できるわけですね。

へえぇ～！

さらに，惑星自体は楕円軌道上を一定のスピードで公転していますよね。ですから，探査機がその惑星が進む方向のうしろ側を通過すれば，探査機は，その惑星が進む速度に引っ張られることでスピードが加わり，惑星から離れる際に，そのぶん加速されるんです（加速スイングバイ）。
逆に，その惑星が進む方向の前方を通過すれば，反対の原理で，ブレーキがかかることになります（減速スイングバイ）。

むずかしいですけど，惑星に引っ張ってもらい，その勢いで放りだしてもらうような感じでしょうか……。

イメージとしてはそんな感じですね。
つまりスイングバイをつかえば，大量の燃料を搭載しなくても，軌道上にある惑星のエネルギーを利用しながら，遠くの惑星へと到達できるわけなんです。

はやぶさ2のスイングバイ概念図（JAXA公開資料をもとに作成）

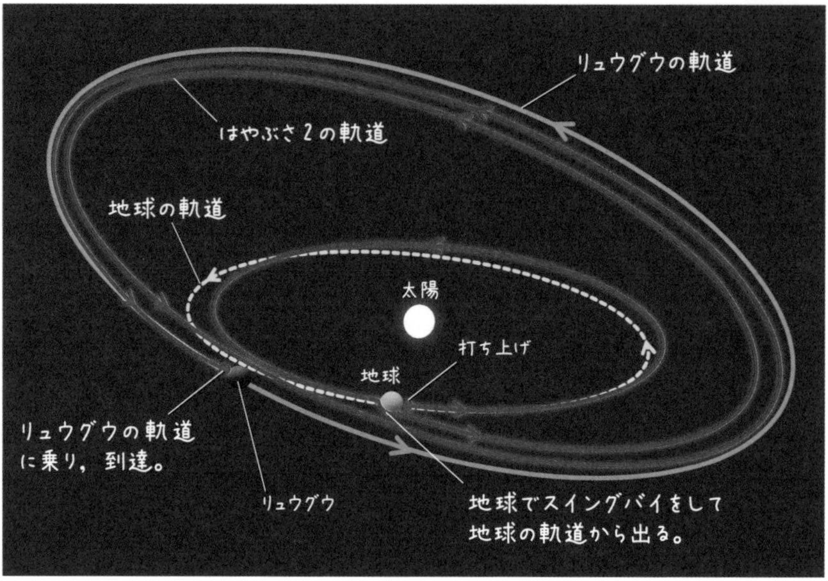

実際，巨大氷惑星を探査した唯一の探査機であるアメリカの**ボイジャー2号**は，木星と土星でスイングバイをおこない，冥王星の3倍もの遠方に至っています。
冒頭に登場した**はやぶさ2**も地球でスイングバイをおこなって，小惑星**リュウグウ**に到着しました。

すごい……。

このほか，燃料を節約する方法として，日本が独自に開発した，少ない燃料で長時間加速できる**イオンエンジン**もあります。

ロケットエンジンは，燃料を燃焼させることでガス噴射をおこして推進力を得る方法が一般的です。このようなエンジンを**化学エンジン**といいます。しかし，化学エンジンは，推進力は大きいのですが，燃費がよくないので，長期間の宇宙探査には不向きだったんです。
一方，イオンエンジンは，キセノンというガスをプラズマ化し，電気的なエネルギーをつかって高速で噴射させることで推進力を得るシステムです。

む，むずかしいですね。

少し専門的なので，しくみについてはくわしくは述べませんが，イオンエンジンは化学エンジンにくらべると推進力はそれほど高くないものの，燃費をあらわす数値は，化学エンジンの10倍も高いのです。

そんなにちがうんですね！

このように，研究者たちは知恵をふりしぼっていろいろな工夫をし，宇宙探査の技術を進化させてきたのです。

とてつもない努力の賜なんですね……。

ここで，探査の歴史を少しご紹介しましょう。
世界初の探査機は，ソ連の**ルナ1号**（1959年）です。ルナ1号は，月面着陸を目標にしましたが，結局，月面から約6000キロメートルの地点を通過しました。

今から65年前ですか……。結構最近なんですね。

そうなんですよ。金星のフライバイにはじめて成功したのは，NASAの金星探査機**マリナー２号**（1962年）でした。アメリカは一連の**マリナー計画**で，金星，火星，水星に向けて1973年までに計10機の探査機を打ち上げています。
同時期には，ソ連の金星探査**ベネラ計画**もおこなわれ，たびたびの失敗を経たのちに成功しています。

アメリカとソ連の宇宙競争ですね。し烈だなあ。

やがて探査機は，太陽系の外側方向をめざすようになりました。**パイオニア11号**（1973年）は木星と土星をフライバイし，**ボイジャー２号**（1977年）は天王星と海王星をフライバイしました。

ボイジャー２号は，木星と土星でスイングバイをおこなったんでしたね。

そうです。2010年代には，同時期に打ち上げられていた**ボイジャー１号**に続いて太陽圏を抜け，今も飛行を続けているんですよ。

去年，「通信できなくなっていたボイジャー２号からの信号を受信できた」というニュースをテレビで見て，逆に今も動いているのかとビックリしましたよ。
だって，打ち上げから47年も飛び続けているんですよね？

ボイジャー号の40年をこえる長寿命を支えているのが，**原子力電池**です。この電池は，放射性物質が原子崩壊する際に発する熱を利用したもので，100年近い驚異的な寿命を誇ります。
2015年には同じく原子力電池を搭載した**ニュー・ホライズンズ**が冥王星をフライバイしました。

すごい電池ですね。家庭向きではなさそうですが……。
それにしても，短いあいだにたくさんの探査機が送りだされていたんですね。

そうですね。今の太陽系の概略が一通り理解できるようになったのは，ルナ計画やマリナー計画にはじまり，冥王星を探査したニュー・ホライズンズまでの探査のおかげだといえます。現在も，日欧共同プロジェクトによる水星探査機**ベピ・コロンボ**，木星衛星探査機**ジュース**など，太陽系探査ミッションが実施中ですし，小惑星探査機**ヘラ**(2024年10月打ち上げ予定)や，彗星探査機**コメット・インターセプター**(2029年)の打上げが予定されています。

探査計画が目白押しですね！　太陽系についてどんなことがわかるのか，この先も楽しみです。

また，宇宙探査は，未踏の天体の探査が重要なテーマです。現在は特に，適度にあたたかく，液体の水がある**ハビタブル天体**（生命が存在しうる天体）の探査が進められています。そのため，**地球外生命探し**も重要なミッションの一つです。

宇宙人ですか！
でも，こんなに広大でまだまだ謎だらけなら，宇宙人がいてもおかしくないですね。

そうですね。でも，私たちと同じ知的生命体探しというよりも，原始的でも，生命の存在やその痕跡を探ることが目的です。生命の存在や痕跡があれば，その惑星がハビタブルである証拠になりますからね。

なるほど……。現在のところ，生命が存在しそうな惑星は見つかっているんですか？

はい。生命の存在が期待されている候補の一つが**火星**です。1971年に火星に着陸したNASAの火星周回機**マリナー9号**や，1976年に火星に着陸した**バイキング1号・2号**など，火星には数々の探査機が送りこまれてきました。

また，2004年に火星に着陸した探査車**オポチュニティ**は，過去に火星の表面に**液体の水**が存在した地質学的な証拠を発見したんです。
その後も着陸機**フェニックス**（2008年着陸），探査車**キュリオシティ**（2012年着陸），探査車**パーサヴィアランス**（2021年着陸）や，中国の探査車**祝融**（2021年着陸）などが続々と送りこまれています。

フライバイやランデブーじゃなくて，ランダーやローバーですね。やっぱり住むとしたら火星ですか！

惑星だけではなく，木星や土星の衛星にも生命存在の可能性があるんですよ。
木星の衛星**エウロパ**や**ガニメデ**，**カリスト**，土星の衛星**タイタン**と**エンケラドス**には，表面の氷の下に液体の海があるとみられています。また，タイタンの表面には液体のメタンなどの**湖**があります。

氷の下の海やメタンの湖だなんて，ロマンがあるなあ……。そこに生命がいたとしたら，どんな姿なんだろう。

ひょっとすると，微生物レベルかもしれませんけど，それでも地球外生命ということになりますね。
これらの地下の海が，生命の誕生や生存に適しているのかを知るために，物理・化学・生物学・地学など，さまざまな分野を総動員した研究が進められています。

うわあ，楽しみですね。

また，近年の傾向として**小惑星**のような小さな天体への探査も活発化しています。
太陽系の誕生のところでも触れましたが，小惑星や彗星には，太陽系が誕生した当時の岩石の組成がそのまま残っているからなんです。ですから，太陽系の歴史を探るうえで，小惑星は貴重なデータを提供してくれるはずです。

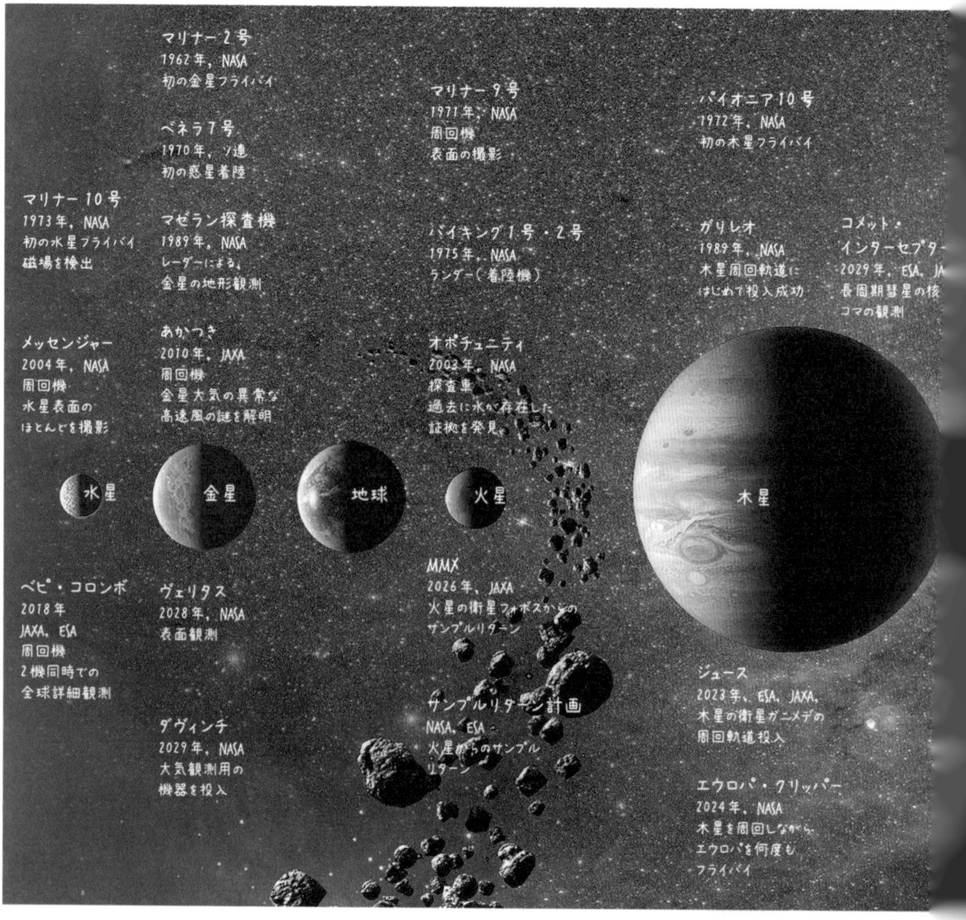

なるほど！　小惑星や彗星は，太陽系誕生のデータが刻まれた，化石のようなものなんですね。

その通りです。宇宙探査の果敢な挑戦が続く限り，太陽系の謎は，一つまた一つと解明されていくことでしょう。

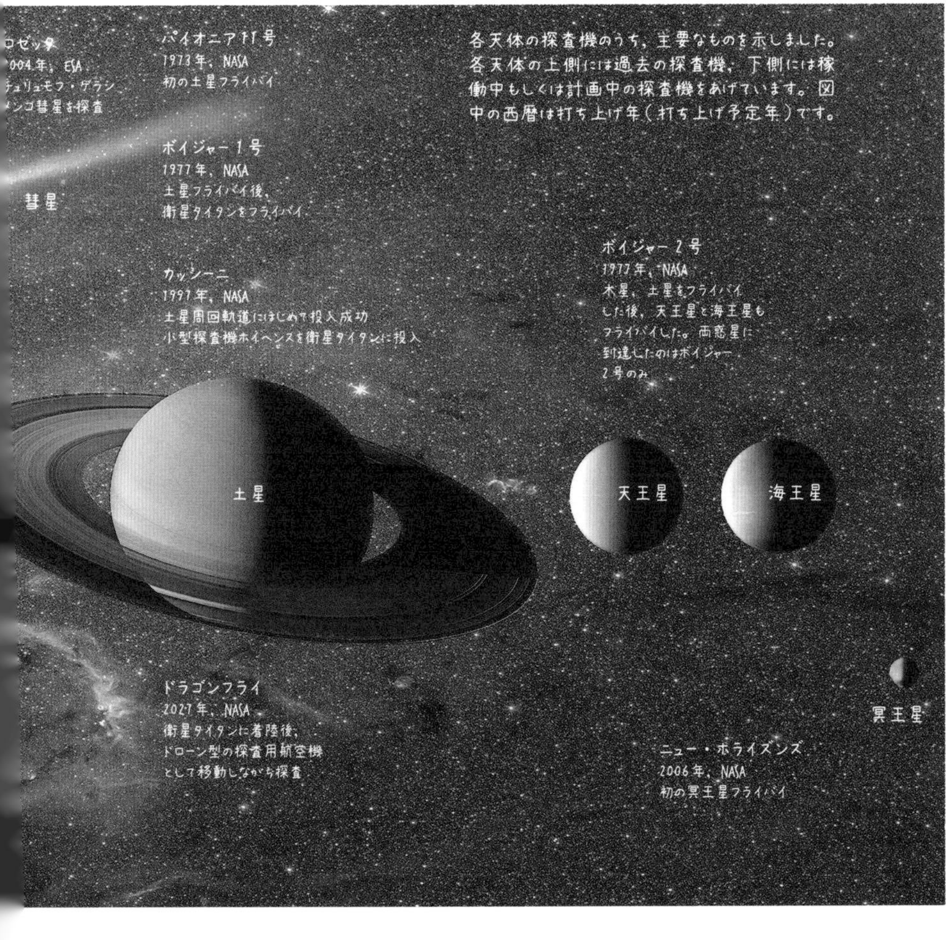

太陽系を発見した古の科学者たち

探査機が登場してからまだ65年しかたっていないのに，惑星探査の技術がここまで進んでいるなんて，本当におどろきです。

そうですね。最初にあなたがおっしゃったように，2024年の1月に，日本で初となる月面着陸に成功した**SLIM**は，ただ着陸しただけではなく，目的のポイントからわずか55メートルの誤差という，**ピンポイント着陸**を成功させたのですから，すごいことです。

この成功は，調べたいところに的を絞って探査をおこなうことが可能になるかもしれず，惑星の謎の解明にさらに拍車がかかるでしょう。

打ち上げだけでもすごいのに，撮影をしたり試料を採取したり，データを送ったり……。本当にすごい時代です。

しかし，こうした最新の探査機や望遠鏡などによる輝かしい成果を得ることができるのは，古の科学者たちの努力によって支えられていることを忘れてはいけません。

彼ら科学者がいなければ，そもそも天空の謎は謎のままで終わっていたでしょう。

確かに，そうですね。

ここで，古代の学者たちの足跡についても，お話ししておきましょう。

今から2000年近く前，古代の人々は，地球のまわりをほかの天体がまわっていると考えていました。

確かに，東から太陽がのぼって西に沈んでいくのを見れば，空の星が動いていると考えるほうが自然ですよね。

そうですよね。2世紀に活躍したエジプトの科学者**クラウディオス・プトレマイオス**（83年ごろ～168年ごろ）は，地球から見える太陽と月，惑星の動きを，導円や周転円などをつかって分析し，惑星は地球のまわりを，小さな円をえがきながらまわっていると考えました。そして，天文学の書『アルマゲスト』において，**天動説**をとなえました。

クラウディオス・プトレマイオス
（83年ごろ～168年ごろ）

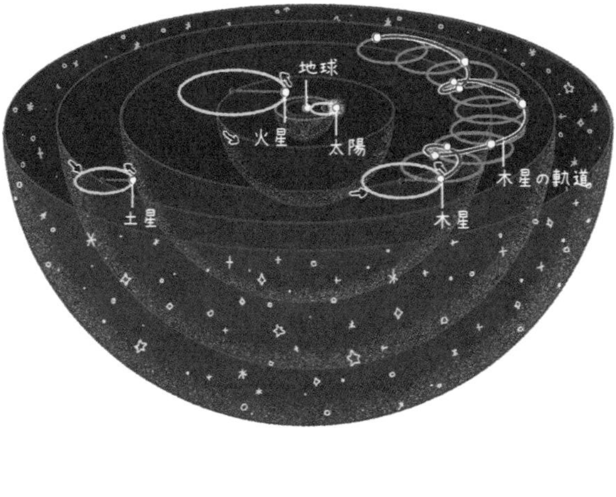

この天動説は，観測される惑星の現象を非常に正確に説明できたため，その後1000年以上にわたって支持されることになりました。また，地球を中心に天のほうが動くという考え方は，宗教的にも支持されたんですね。

なるほど……。

ところが16世紀になると，聖職者でもあるポーランドの天文学者**ニコラウス・コペルニクス**（1473～1543）が，さらにくわしく天体観測をおこない，地球もほかの惑星とともに太陽のまわりを公転しているという**地動説**をとなえたのです。**太陽中心説**ともよばれるこの考え方は，惑星が逆方向に移動する現象（逆行）を，より合理的かつシンプルに説明することができました。

ニコラウス・コペルニクス
（1473～1543）

そして17世紀に，ついに**望遠鏡**が発明されます。イタリアの科学者**ガリレオ・ガリレイ**（1564～1642）は，望遠鏡を自作し，詳細な天体観測によって地動説を裏付ける証拠を集めました。

惑星の逆行

地球からは惑星の動きが，ときによって不規則に見える。後戻りする「逆行」や，止まって見える「留」などの現象は，地球と惑星の公転周期のちがいからおきる。

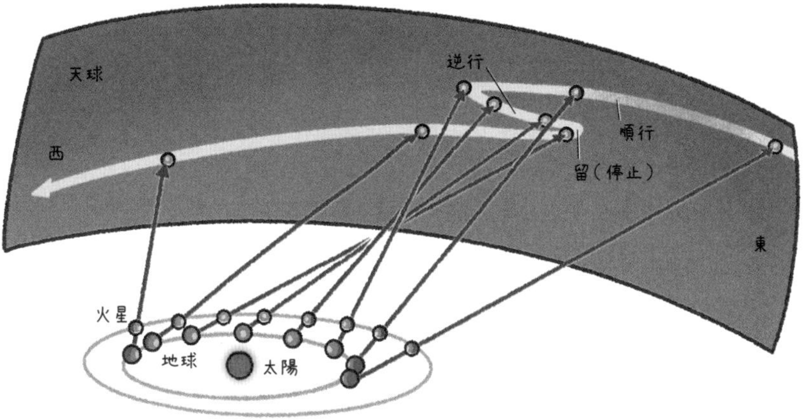

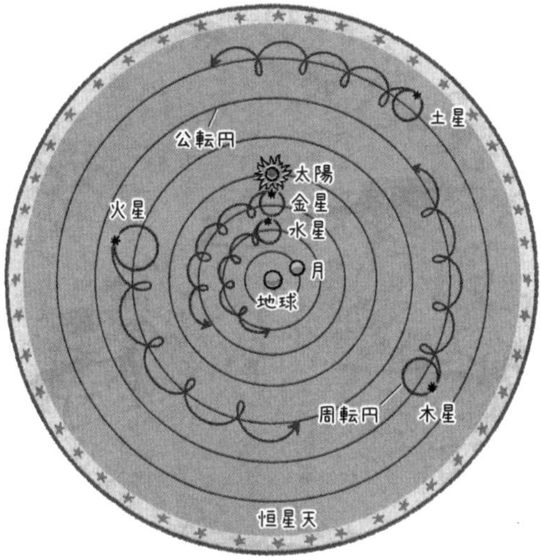

しかし，太陽を主体とするこの考え方は当時の教会の激しい反発にあい，ガリレオは裁判にかけられ，有罪判決を受けるのです。

ガリレオ・ガリレイ
（1564〜1642）

今じゃ考えられませんね。

ええ。それでもガリレオは自説を曲げなかったといわれています。なお，ローマ教皇庁は，1992年に当時の裁判が誤りだったことを認めて公式に謝罪し，有罪判決を取り消しています。ガリレオの死後350年のことでした。

死後350年なんて遅すぎます……。
それにしてもガリレオは，信念の人だったんですね。尊敬します！

一方，ガリレオと同時期に，ドイツの天文学者**ヨハネス・ケプラー**（1571〜1630）は，膨大な観測データの研究から，惑星の軌道が真円ではなく楕円であることを導きだし，最初にお話しした「ケプラーの3大法則」を発見しました。

また，イギリスでは天才科学者**アイザック・ニュートン**（1642〜1727）が**万有引力の法則**を発見し，これらによって，ガリレオの地動説に明快な理論の裏付けが得られ，受け入れられていくようになったのです。

ヨハネス・ケプラー
（1571 〜 1630）

アイザック・ニュートン
（1642 〜 1727）

太陽系の研究観測は，そんなにも古い時代からはじまっていて，それが現在のハイテクな宇宙探査につながっているわけなんですね……。

偉人伝❶

近代科学の父，ガリレオ・ガリレイ

イタリアの物理学者・天文学者・哲学者であるガリレオ・ガリレイ（1564～1642）は，1564年2月15日，斜塔で有名なピサの町で，音楽家の父，ヴィンチェンツォ・ガリレイの長男として生まれました。ガリレオは数学に興味をいだき，大学の数学の教授になりました。

アリストテレスの理論を正す

ガリレオの時代，物体の運動の仕方については，重い物は軽い物より速く落ちるなど，古代ギリシアの哲学者アリストテレス（前384～前322）がとなえた説が根強く信じられていました。でもその説は，まちがっていました。ガリレオはアリストテレスの理論を正し，物体の落下する速度は，質量によらないことを示したのです。

また，発明されて間もない望遠鏡を自作して，天体観測を行いました。そして，月の表面に凹凸があることや，木星に衛星があることを発見しました。いずれも天文学史上に残る大発見です。

宗教との対立が続いた

ガリレオは，コペルニクス（1473～1543）がとなえた「地動説」を支持し，従来の「天動説」を否定しました。ガリレオが批判したアリストテレスの理論や天動説は，キリスト教の教えと深く結びついていたため，ガリレオは教会側と対立しました。そして1633年，ガリレオは有罪判決を受け，最終的に教会側の主張を受け入れると誓います。

1642年，ガリレオは77歳で亡くなりました。多大なる業績にもかかわらず，公的な葬儀はおこなわれませんでした。教会側が誤りを認め，ガリレオの名誉が正式に回復されるのは，死後350年たった1992年のことでした。

2

時間目

太陽系の中心，太陽

STEP 1

太陽系の中心にして最大の天体

太陽系の中心で燃えさかり，その莫大なエネルギーで太陽系を支配する太陽。しかし,その実体は今なおベールに包まれています。太陽とは，どのような天体なのでしょうか。

太陽ってどんな星？

1時間目では，太陽系の概要についてお話ししました。2時間目からは，太陽系を構成する惑星や，そのほかのさまざまな天体について，順番にくわしく見ていきましょう。

いよいよ探索のはじまりですね！

そうですね。ではまずはじめに，太陽系の中心である**太陽**からスタートしましょうか。
太陽は，太陽系唯一の**恒星**です。恒星とは，みずから光り輝く星のことで，内部でおきている**核融合反応**が，輝きの源となっています。
その赤道半径は**69万5700キロメートル**，体積は地球の**130万2000倍**，質量は地球の**33万2946倍**とケタ違いで，大きさ・重さともに太陽系最大です。

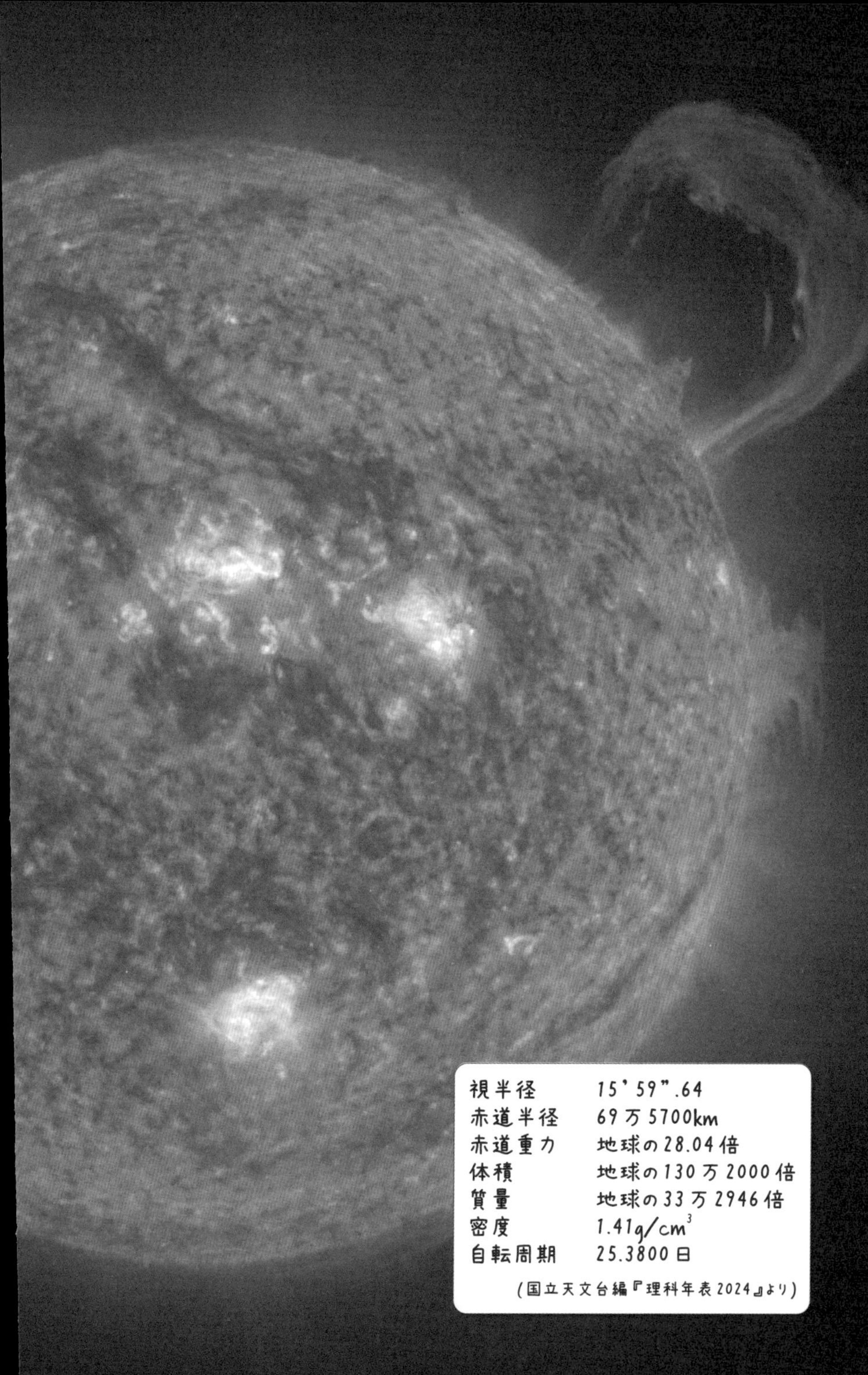

視半径	15’59”.64
赤道半径	69万5700km
赤道重力	地球の28.04倍
体積	地球の130万2000倍
質量	地球の33万2946倍
密度	1.41g/cm^3
自転周期	25.3800日

(国立天文台編『理科年表2024』より)

特に重さは，太陽系を構成する天体の全質量の99.86％を占めています。

99％以上!?
太陽系の重さって，ほとんど太陽の重さということですか。

そうですね。このような巨大な質量から発生する重力によって，太陽系のすべての天体は，太陽のまわりに引きつけられているのです。

先生，これほど重いなんて，太陽は一体何でできているんですか？

太陽の中身は，そのほとんどが**水素**と**ヘリウムガス**です。その中心部分では，ものすごい圧力と温度によって，水素原子からヘリウム原子がつくられる核融合反応がおきています。その結果，とても大きなエネルギーが生みだされているんです。

そのエネルギーが，太陽の熱になっているわけですか。

そうです。太陽表面の温度は**約6000℃**だと考えられています。
また，太陽の中身がガスだけなのは，高温のせいで固体の物質は気化してしまうからなんです。

ろくせんど！
とてつもない熱さですね。

また，太陽の表面には**黒点**という部分があらわれることがあります。

真っ赤に燃えている中にポツンと“ほくろ”のように見える部分ですね。

ええ。黒点は，直径数百〜数万キロメートルもの大きな暗いスポットです。数日〜数十日ほどの期間で発生と消滅をくりかえしているんです。

黒点って，消えたりあらわれたりするんですか？

そうなんですよ。太陽の表面をよく観察すると，およそ5分ほどの周期でふるえているんです。

ふるえている？

はい。表面付近はガスが対流していて，そのためにたえず動いているんです。その変化が，黒点と太陽の表面のふるえといった現象を生みだすんです。

へええ〜。太陽って，明るく輝いているイメージしかありませんでしたが，かなり変わった特徴があるんですね。

太陽は地球の直径の35倍の高さの炎を噴き上げている

さて，今度は，太陽の構造をさらにくわしく見てみましょう。
太陽は中心から外側に向かって，**中心核**，**放射層**，**対流層**，**光球**，**彩層**，**コロナ**という層をなしています。このうち，地球から見ることができる太陽の表面部分が，**光球**です。

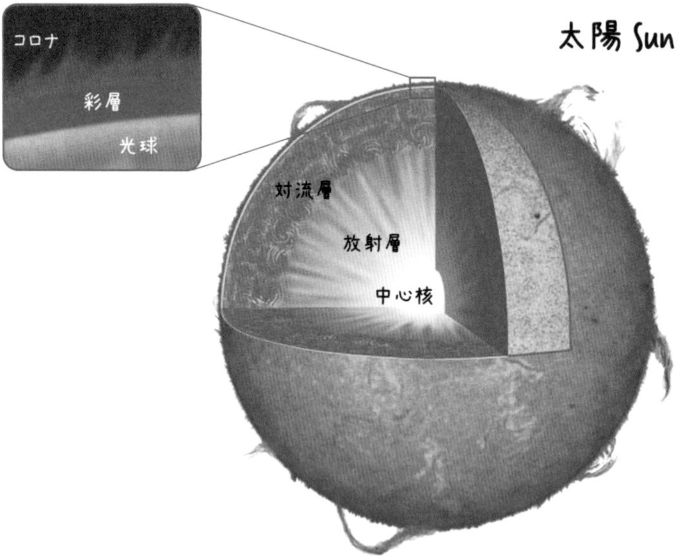

その光球の表面を拡大してみると，沸きたつようにゆらめいている模様が見えます。その模様は**粒状斑**《りゅうじょうはん》とよばれ，太陽内部から，熱が対流によって運ばれてくることで生まれています。

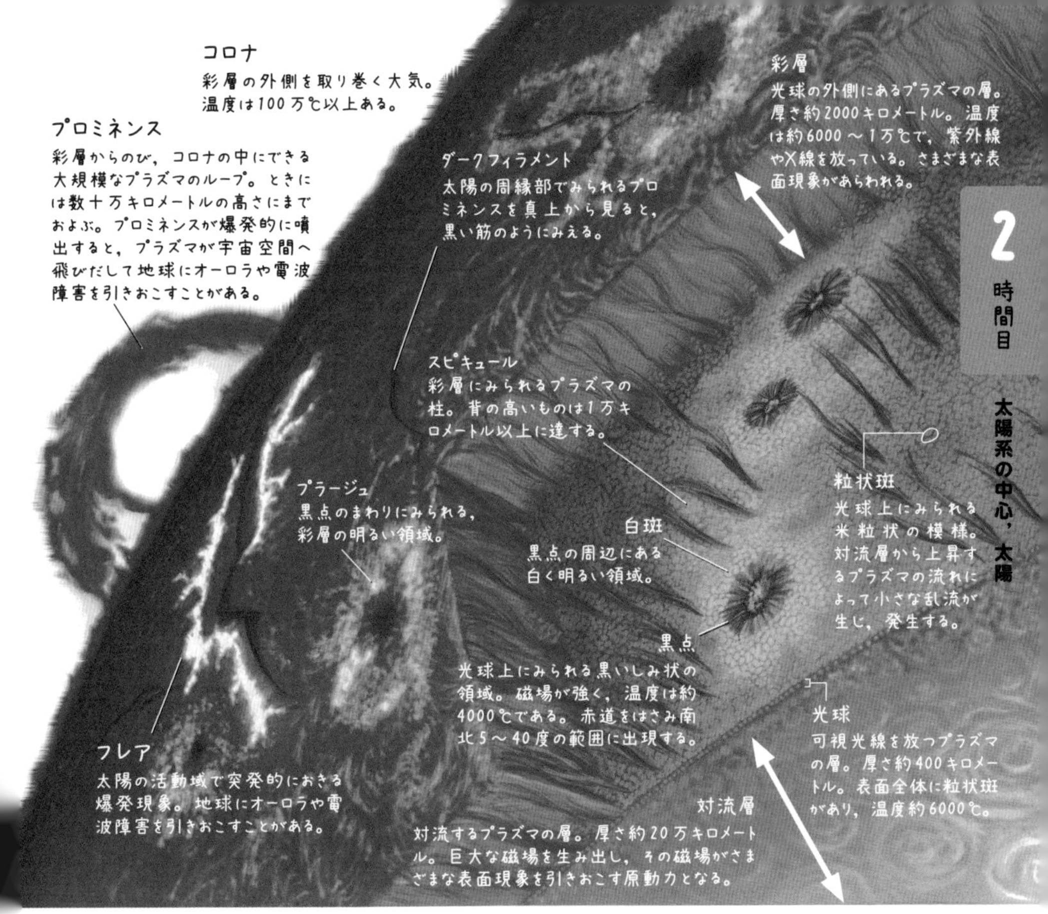

さらに，太陽の表面では，先ほどお話しした黒点のほか，黒点の周囲で明るく輝く無数の斑点である**白斑**も確認することができます。

太陽の表面には，いろいろな変化があるんですね。

また，太陽は目に見える光（可視光）だけでなく，さまざまな**電磁波**を放っています。

電磁波といえば電子レンジなどに使われている，あれですか？

電磁波にはいろいろあって，可視光のほかに，赤外線や紫外線，X線，電波なども含まれます。
可視光以外の電磁波は，太陽を包む密度の薄い高温の**プラズマ**から放出されています。

プラズマ？

ええ。細かいお話になりますが，プラズマとは何か，簡単に説明しましょう。物質は，**原子**という小さな粒子が集まってできています。原子をさらに細かく見ると，中心に**原子核**があり，そのまわりを**電子**が飛びまわるような構造をしているんですね。
さらに細かく見ていくと，原子核は**陽子**と**中性子**が集まってできていて，陽子はプラスの電荷，電子はマイナスの電荷をもっているんです。

原子

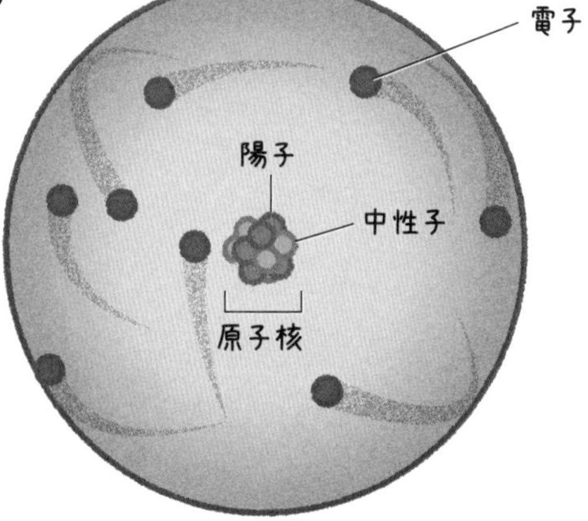

中性子は……？

中性子は電荷をもたず，電気的に中性です。単独だと15分ほどで崩壊して陽子に変身します。

不思議ですね！

さて，通常は，原子の中の陽子と電子はプラスとマイナスが釣り合った状態で，電気的に中性です。しかし，何らかの刺激が加わり，電子が原子から出たり入ったりすると，電荷のバランスが崩れて，原子はプラスかマイナスどちらかの電荷にかたむきます。このように原子が電荷を帯びたものを**イオン**といいます。

イオンってそういうことか！

物質は，原子や分子（原子がいくつか集まったもの），イオンなどが結合してできています。温度の変化によって結合の状態は変化し，温度が低い順に，固体，液体，気体，の状態をとります（物質三態）。

温度が上がると，固体は溶けて液体になって，液体は気体になりますね。

その通りです。低温だと，原子や分子がギュウギュウに寄せ集まり，お互いの引力で身動きができない状態，高温だと，気体は分子や原子は自由に飛びまわっている状態なわけです。

ところが，**さらに高温になると，原子から電子が引きはがされ，原子核と電子はばらばらになって混ざり合い，非常に活発な状態のガスになるんです。この状態をプラズマというのです。**

あまりにも高温になると，第四の形態があらわれるわけですね！　**固体・液体・気体・プラズマ**ということですね。

その通りです。つまり，太陽の中心核や放射層は非常に高温なため，プラズマ状態になっているのです。
そしてその外側は，厚さ数千キロメートルにまで広がる**彩層**がおおっています。

ちょ，待ってください。高度数千キロメートル!?

太陽はちょっとケタがちがうでしょう。
そして，彩層の外側には**コロナ**があります。太陽のコロナは太陽全体を包んでおり，主にX線や電波を出しています。
さらにすごいのは，太陽が発する**巨大な炎**です。

巨大な炎ですって？

はい。彩層では，**フレア**とよばれる巨大な爆発がおきます。その際，外側のコロナの層には，フレアによって彩層から噴出した，巨大な“炎”があらわれることがあります。

この炎は**プロミネンス**とよばれ，その長さは数万～数十万キロメートルにもおよぶのです。ざっと地球の直径の数倍から数十倍もの距離をもつ巨大な炎ということです。

ひょえ～！

とてつもないでしょう。プロミネンスは1万℃程度のプラズマのループで，**Hアルファ線**とよばれる赤い光を放っています。

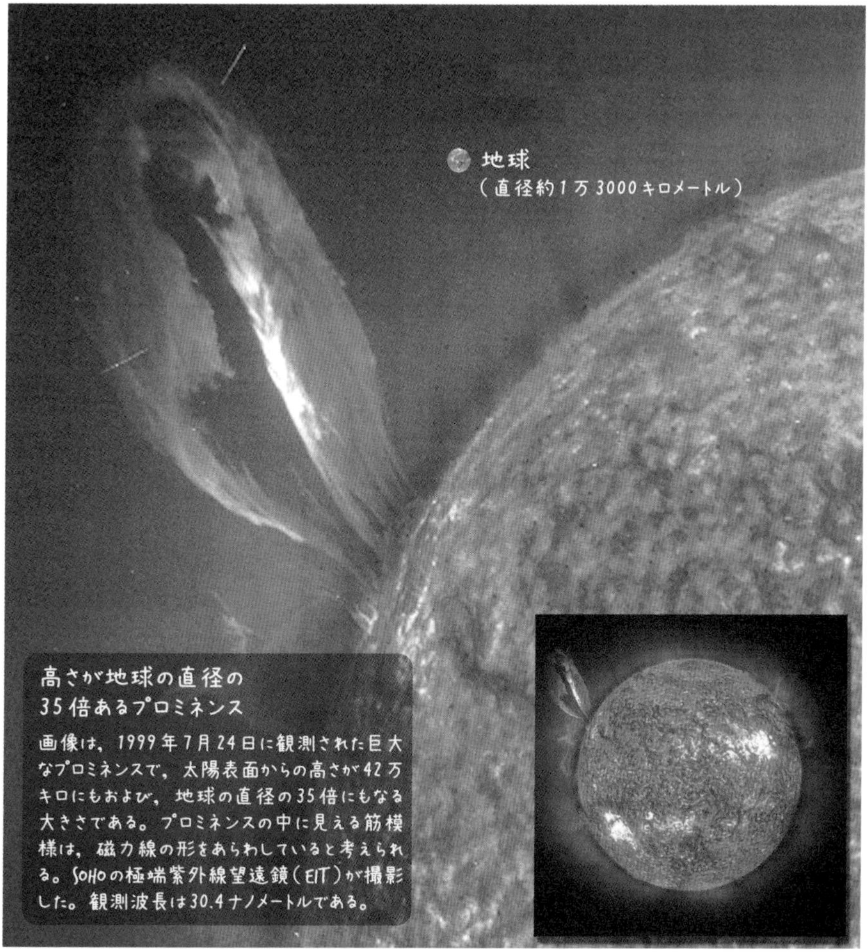

高さが地球の直径の35倍あるプロミネンス

画像は，1999年7月24日に観測された巨大なプロミネンスで，太陽表面からの高さが42万キロにもおよび，地球の直径の35倍にもなる大きさである。プロミネンスの中に見える筋模様は，磁力線の形をあらわしていると考えられる。SOHOの極端紫外線望遠鏡（EIT）が撮影した。観測波長は30.4ナノメートルである。

太陽は超巨大な天然の核融合炉

先生，太陽って，水素やヘリウムなどのガスでできているんですよね？

そうですよ。

でも質量は太陽系の99％以上を占めているんですよね？ 気体のかたまりなのに，なぜそんなに重いんですか？

確かに，ガスなのになぜ？　と思いますよね。なぜ太陽の質量がこれほど重いのか？　それは，太陽が，ガスがギュウギュウに詰まってできているからです。

ガスがギュウギュウに詰まっている？

はい。太陽の外層であるコロナや光球，彩層を除くと，太陽の内側は大きく「中心核」「放射層」「対流層」の三つに分けられます。**太陽が出すエネルギーの源は，その一番奥にある中心核での核融合反応によるものです。**

最初におっしゃっていましたね。核融合ですか。

はい。太陽は，巨大なガスのかたまりです。あなたがおっしゃるように，ガスというと“軽い“というイメージをもたれがちです。しかし，太陽は大きいですから，そこで発生する重力も大きくなります。

気体でも，たくさん集まると重くなるんですね。

ええ。その重力によって，中心核の付近は**2400億気圧**という，超高圧力がかかっているんです。
地球の地上の気圧は1気圧ですから，これがどれだけすさまじい気圧かわかるでしょう。

2400億倍……!?

そうです。その超高圧力のため，中心核の温度は**約1500万℃**にも達し，核の部分のガスは水の約150倍の密度にまで**圧縮**されます。たとえガスといえども，ものすごく圧縮されているため，重くなっているわけなんです。

気体が，水の約150倍ですか！　そんな高圧になると，どうなっちゃうんですか？

まず，**こうした超高圧・超高温の環境では，水素の原子核と電子はバラバラになり，混ざり合って，はげしく動きまわっている状態になります。**

そうだ，プラズマ状態になってるんですね！

その通りです！　**太陽の中では，水素の原子核がはげしくぶつかり合い，結合して，ヘリウムの原子核が生まれる反応がおきているんです。これが，核融合反応です。**

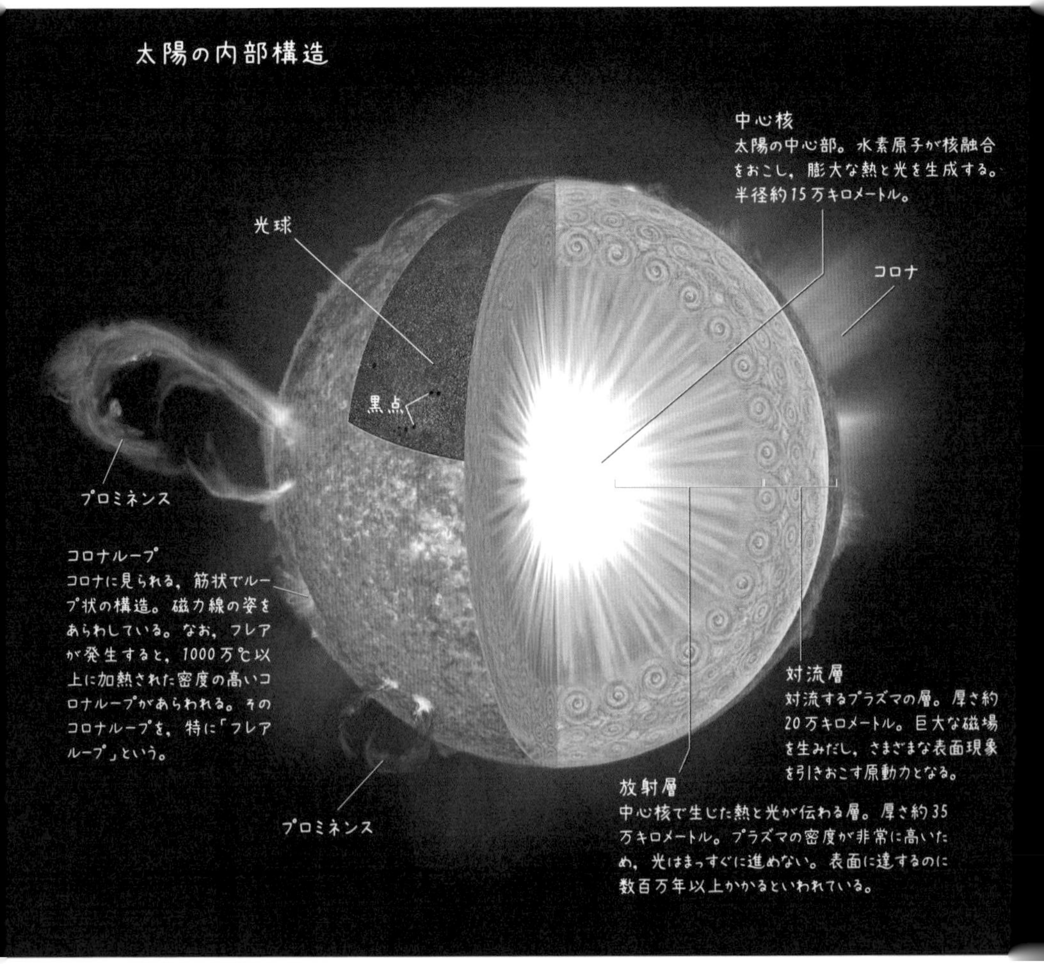

原子核どうしがくっつくんですか？

そうなんです。
原子核どうしがくっつくと，別の原子の原子核になるんですね。そして，核融合反応がおきると，膨大な熱と光が放出されます。これが太陽のエネルギーです。

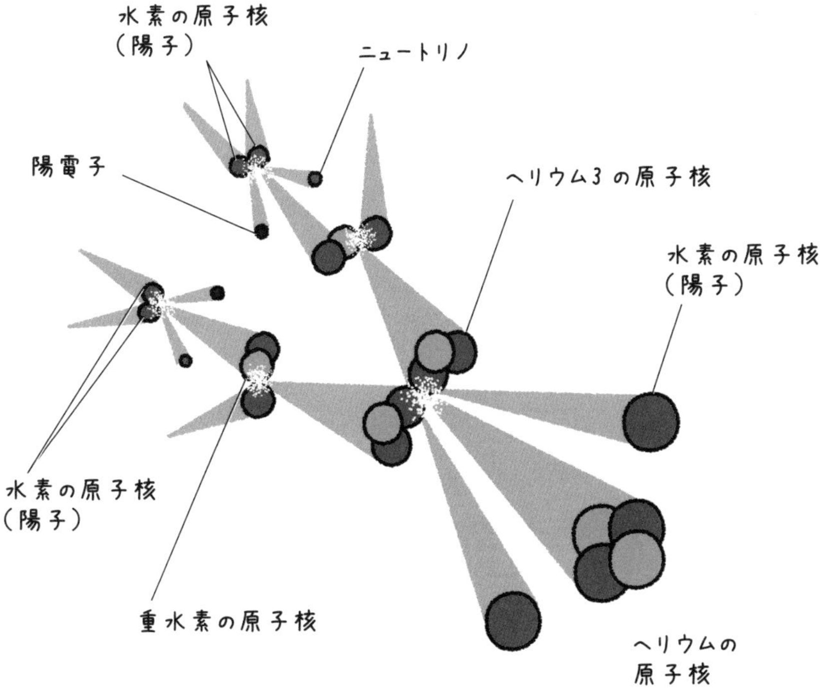

水素原子核（陽子）から，ヘリウムの原子核がつくられる。この反応は，大きく3段階に分けられる。正味で水素原子核4個からヘリウム原子核1個ができる。

太陽のエネルギー量は，1秒あたり12兆キロワットにもおよびます。これは世界中が1年間で消費するエネルギーを，1時間足らずでまかなえるほどの量です。

ええ〜っ！
太陽って，**天然の核融合炉**なんですね！

中心核で発生したエネルギーは，放射層へと移り，そこから光（放射）の形で外側へと運ばれます。
放射層の外側にある対流層の内側と外側では温度に差があるため，温度の高い内側のガスが外側に移動し，逆に温度の低い外側のガスが内側に移動するという**対流**がおきます。
エネルギーはこの対流の流れに乗り，光（電磁波）として，光球から宇宙空間へと放射されるのです。

うわあ〜！
そんな構造だなんて知りませんでした。

ちなみに光は，放射層では，高密度なプラズマに邪魔されて，まっすぐに進むことができません。そのため，**中心核で生じた光が約70万キロメートル先の太陽の表面に到達するまでに，数百万年から1000万年かかると考えられています。**

太陽って，とんでもない天体ですね。

太陽系を吹き抜ける「太陽風」は海王星まで届く

太陽のおどろきはこれだけではありません。
太陽から**風**が吹いているって，ご存じでしたか？

風ですか？　太陽から吹く風なんて，まともに当たったら惑星が吹き飛んでしまいそうです！

大丈夫，普通の風ではありません。**太陽風**です。

太陽風？

はい。太陽の外側にある希薄な大気層である**彩層**と**コロナ**は，普段は地球上から見ることができません。しかし，**皆既日食**のときは，光球面から放出される光が月でさえぎられるので，白く輝くコロナを見ることができます。

へえぇ～！　そうなんですね。見てみたいなあ。

コロナの温度は**100万℃以上**もあり，とても高いことがわかっています。しかし，なぜコロナの温度が太陽表面にくらべて非常に高くなるのか，その原因はまだよくわかっていません。

ふうむ……って，コロナが太陽風と何の関係があるんですか？

よいところに気付きましたね。コロナはプラズマガスからできています。しかし，コロナの外側に行けば行くほど，太陽の重力や磁場の影響が弱くなるので，プラズマガスの一部は宇宙空間に放出されてしまいます。これが「太陽風」の正体です。

噴出されるプラズマ
太陽観測衛星「SOHO」がとらえた画像をもとに，太陽コロナから宇宙空間へと噴出されるプラズマをえがいた。

太陽風は，プラズマのガスということですか。

そうです。太陽風は，地球付近では秒速400キロメートル以上の超音速で吹き抜けていきます。
太陽風が届く範囲のことを**太陽圏**といい，太陽圏は海王星の先まで広がっていると考えられています。

太陽風ははるかかなたの海王星や，さらにその向こうにまで届いているんですね。
太陽からそんな風が吹いているなんて，まったく知りませんでしたよ。

フフフ。
でも実は，間接的に太陽風を見ることができるんですよ。

どういうことですか？

地球に届いた太陽風は，**磁気嵐**や**オーロラ**が発生する原因になっているのです。

オーロラって，太陽風によって生まれていたのか～！

地球に届く太陽の光は，22億分の1

先生，太陽のとてつもないエネルギーを全部使えたら，エネルギー不足なんておこらないですよね。

そうですよねえ。実際，太陽全体からすると，地球に届く光の量はそれほどたくさんではないんですよ。というより，ほんの少し，といってもいいかもしれません。

ええっ！　どういうことです？

太陽が生みだすエネルギーは，そのほとんどが光（電磁波）として宇宙空間へ放出されます。しかし，太陽は宇宙の全方向へ放出していますから，その光のうち，地球へ届く量は22億分の1にすぎないのです。

22億分の1～!?

ええ。
地球は太陽から遠くはなれているうえ，太陽にくらべて非常に小さいので，わずかな量しか届かないのです。

そうなんですね。
確かに，太陽から遠いし，小さいし，仕方ないですね。

どれぐらいの量なのか，数値で見てみましょう。
1平方メートルあたりに地球に届く太陽光のエネルギーを**太陽定数**といいます。
太陽が放出する光のエネルギー量は，**約3.85×10^{26}ワット**で，地球の太陽定数は，**約1370ワット**になります。これは，100ワットの白熱電球を約14個光らせるのに必要なエネルギーにあたります。

数値で見せられると，やっぱり少ない感じがします。

地球に届く光のエネルギーの量を100とすると，約30は雲や雪などによって宇宙空間へ反射されてしまうので，地球に吸収されるのは，残りの70です。
その量で，大気や地表（陸や海水）をあたため，地球上に住む生物に大きな影響を与えているわけなんですね。

でも，そう考えると逆に，その量で地球のあらゆる生命の活動が維持できてしまうわけですよね。

やっぱり太陽はすごい！

ポイント！

太陽定数

1平方メートルあたりに地球に届く太陽光のエネルギー

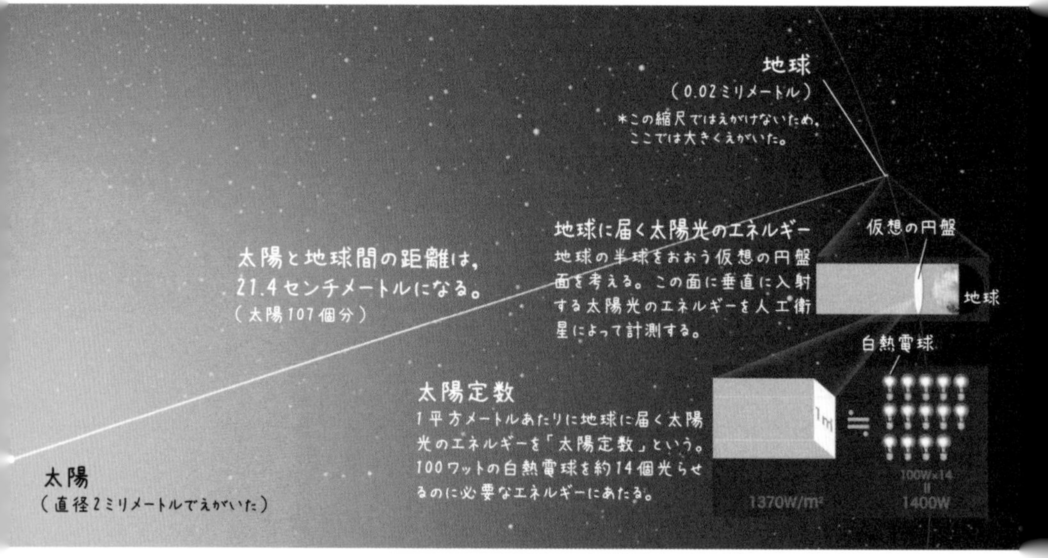

太陽の「黒点」は強力な磁石

太陽の表面に見られる**黒点**についても，よく見てみましょう。

太陽の表面の，黒いほくろみたいなものでしたね。

そうです。太陽黒点とは，今おっしゃったように，太陽の表面の黒い斑点として観測される部分のことです。
この黒く見える部分は，太陽の表面温度にくらべて，1000～1500℃程度低いんです。だから暗く見えるんですね。

温度の差で暗く見えていたんですね。

黒点の数は，時期によって大きく変わることが知られています。このことを発見したのは，19世紀のドイツのアマチュア天文家**ハインリッヒ・シュワーベ**（1789～1875）です。

当時もアマチュア天文家がいたんですね。

シュワーベは，長年にわたる太陽の観測から，黒点の数が最も少ない時期から，最も多い時期を経てふたたび最も少ない時期になるまで，約11年かかることを発見しました。
現在，この現象は，太陽活動の**11年周期**とよばれています。

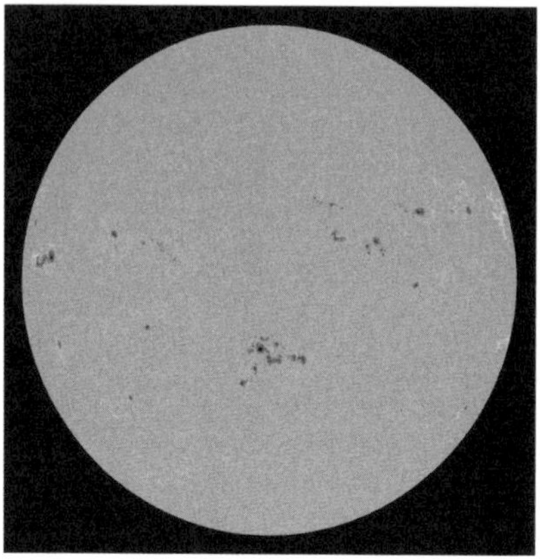

2000年の太陽

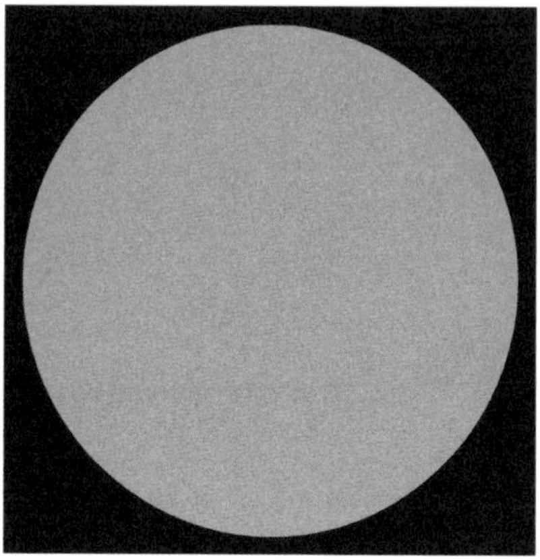

2009年の太陽

10年以上も粘り強く太陽を観測し続けたんですね。ところでこの黒点がふえたりへったりするのは，何が関係しているんですか？

ズバリ，磁力なんですね。太陽の磁力が強まると黒点の数が多くなり，太陽表面の活動が活発になります。反対に磁力が弱まると，太陽表面の活動はおとなしくなります。

一体，磁力がどうかかわるんですか？

黒点は，強力な磁石のような性質をもつんです。一般的に二つの黒点がセットになってあらわれ，一方がS極，もう片方がN極となるんです。

黒点が，磁石!?

はい。プラズマは電荷を帯びているので，磁力線を横切る方向には動きませんから，強い磁力をもつ黒点の下では，プラズマの対流がおきにくくなるんです。

その結果，太陽の深部からの熱が伝わりにくくなり，温度が低くなるんですね。

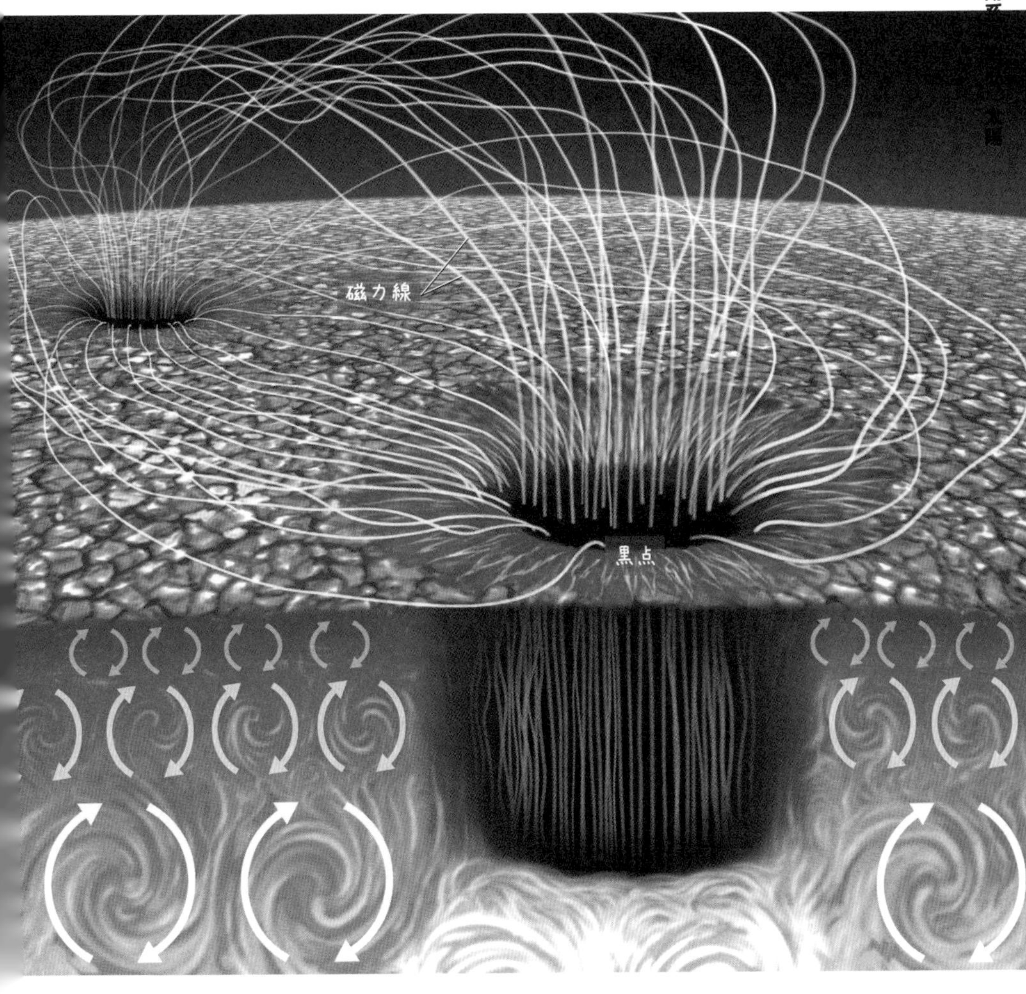

黒点って，ただの模様的なものかと思っていましたけど，そんな性質があったとは！

11年周期のうち，黒点が最もたくさんあらわれる時期を**太陽活動極大期**，黒点が最も少ない時期を**太陽活動極小期**といいます。
そして，太陽活動極大期と極小期では，太陽の明るさも変化し，極大期の太陽はわずかに明るく，極小期ではわずかに暗くなります。

黒点は暗いのに，黒点がふえると太陽全体が明るくなるんですか？

実は黒点の周囲には，**白斑**とよばれる小さな斑点がたくさんあらわれるんです。白斑は周囲よりも温度が高く明るいので，黒点がふえると，それに合わせて多数の白斑が生じ，黒点で暗くなるぶんよりも太陽を明るくしているわけなんです。

不思議ですね。

太陽の謎に果敢にせまる探査機や衛星たち

先生，太陽についていろいろお聞きして，あらためて太陽のとてつもなさがよくわかりました。
でも，太陽って着陸どころか，近づくこともできないのですよね。一体どうやってこんなにくわしいことを解明できたのか，それもおどろきです。

たしかに，太陽についてわかっていることはたくさんあります。しかし，今お話ししたことはほんの基本的なことで，太陽にはまだまだたくさんの謎があるんですよ。

そうなんですか？

ええ。前に，コロナの温度は太陽の表面よりも高いけれども，その原因は不明だとお話ししました。
太陽の表面温度は約6000℃です。その外側には彩層があり，彩層の上には，コロナが広がっています。コロナは非常に希薄なプラズマですが，その温度は100万℃をこえる超高温になっています。

そうでした。
表面より外側の温度が高いのは謎ですね。

その通りです。普通なら，核融合反応がおこっている中心からはなれるほど，温度は低くなるはずです。しかも，コロナよりも中心に近い光球は約6000℃なのに，その外側のコロナは100万℃と，ケタ違いの温度差です。

これは**コロナ加熱問題**とよばれていて，まだ原因が明らかになっていないんです。

ケタ違いな温度差も気になりますね。

それから，太陽からはプラズマの粒子が**太陽風**とよばれる超音速の“風”となってつねに吹きだしています。太陽フレアとよばれる爆発的な現象などがともなう太陽風が地球に到達すると，通信障害や人工衛星の故障などを引きおこすことがあります。

そうそう！　以前，太陽フレアによって，近々通信が乱れるかもしれないというニュースが出たことがありましたね。あれは，太陽風が関係していたのか。

この太陽風の流れは，コロナの最も下層の部分で太陽の磁場のはたらきによって生じると考えられています。しかし，そもそもプラズマがどのように加速されて太陽風になるのかについては，さまざまな説があって決着がついていません。

なるほど。現象についてはわかっているけれど，その原因についてはわからないわけですか……。でも，太陽の探査なんて不可能だし，どうやって調べたらいいんでしょう。

ところが！
現在，探査機が太陽を調べているんですよ。

ええ〜!?　探査機が，太陽に？

そうなんです。
太陽の謎を解明するために，NASAの太陽探査機**パーカー・ソーラー・プローブ**が2018年に打ち上げられ，現在も探査を行っているんです。

すごい！　知りませんでしたよ。
太陽探査機は，どんな探査をおこなっているんですか？

パーカー・ソーラー・プローブは太陽の周囲を楕円軌道をえがきながら飛行し，2025年までに計24回の太陽接近飛行（フライバイ）をおこないます。
2021年4月28日の8回目のフライバイで，パーカー・ソーラー・プローブは太陽表面から約1040万キロメートル（太陽半径の約15倍）まで接近し，太陽コロナの内部に突入したのです！※。ついに，探査機が太陽の“大気圏内”に突入したんです。

ひゃあああ〜！

さらに，パーカー・ソーラー・プローブは，搭載している広視野カメラでコロナの内部を撮影し，コロナの構造がわかる画像を送ってきています。

すごすぎます！
無事に探索できているんですね。

パーカー・ソーラー・プローブはその後，太陽からはなれ，フライバイをくりかえし，2023年12月28日には18回目のフライバイを成功させています。

※：NASAニュースリリース（https://www.nasa.gov/feature/goddard/2021/nasa-entersthe-solar-atmosphere-for-the-first-time-bringing-new-discoveries）

最接近時には太陽に616万キロメートル（太陽半径の8.8倍）まで近づく予定で，このときの機体表面は1370℃に加熱されると見積もられています。

とんでもない温度ですね。さすが太陽……。でもそれに耐えうる機体もとんでもないですね！

探査機ではありませんが，そのほか，いくつかの**観測衛星**が，太陽を観測しています。

どんな観測衛星があるんですか？

まず，日本の**ひので**があります。この太陽観測衛星は，NAOJ（国立天文台）とJAXA（宇宙航空研究開発機構）が，NASAなどの協力を得て開発したものです。
「ひので」は，2006年9月に，鹿児島県の内之浦宇宙空間観測所から打ち上げられた衛星で，日本の太陽観測衛星としては3代目にあたります。ちなみに，2030年代以降に後継探査機の**SOLAR-C**が打ち上げ予定なんですよ。

どんな観測をおこなっているんですか？

「ひので」は，可視光，極端紫外線，軟X線という三つの電磁波の波長をつかって太陽を観測しています。そして，太陽上の磁力線を観測し，先ほどの「コロナ加熱問題」の謎に迫る成果を上げているんです。そのほか，太陽内部から磁場が上がってきて黒点がつくられる様子なども観測しています。

すごい成果を上げているんですね！

「ひので」はそれだけではなく，太陽フレアの状況や，地磁気に対する影響などを，**宇宙天気予報**として毎日リアルタイムで一般に公開しているんです。
（情報通信研究機構：https://swc.nict.go.jp/）

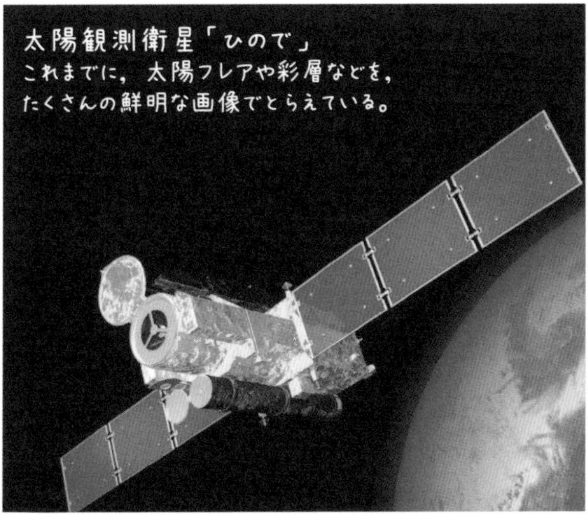

面白いですね。宇宙飛行士も利用しているんですか？

もちろん，これらは，国際宇宙ステーションに滞在する飛行士たちにとっては欠かせない情報です。また，それだけではなく，こうした情報は，人工衛星の運用者や漁業無線などの短波無線利用者に活用されるのです。

すごく重要なものなんですね！

そのほかの太陽観測衛星としては，ESA（ヨーロッパ宇宙機関）の**ソーラー・オービター**があります。ソーラー・オービターは，ESAだけでなく，NASAも参加している国際協力ミッションのもとで開発された太陽観測衛星です。太陽とその外気，太陽風の研究を目的としており，2020年2月9日に，フロリダ州ケープカナベラル空軍基地から打ち上げられました。

ほほう，太陽風の謎にも迫れそうですね。

この観測衛星は，NASAが2018年に打ち上げた「パーカー・ソーラー・プローブ」を補完し，これによって，これまで地球や人工衛星，探査機からは見ることができていなかった太陽の北極と南極を観測できるようになります。

3
時間目

岩石の惑星
水星・金星・地球と月・火星

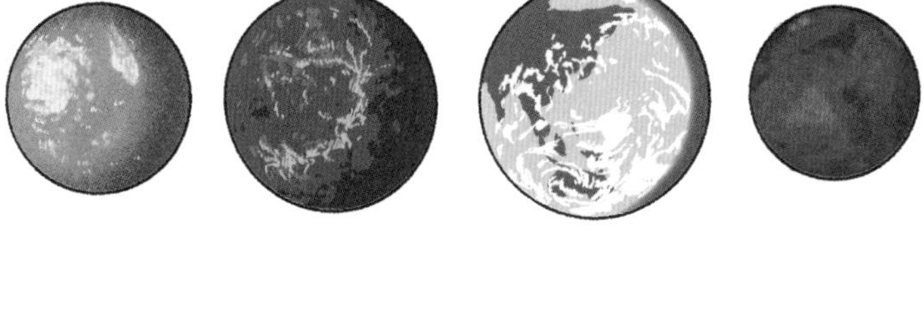

STEP 1

太陽に一番近い惑星，水星

太陽に一番近い水星は，昨今の観測により，たくさんのおどろくべき特徴をもっていることがわかってきました。水星はどのような惑星なのでしょうか？

水星は小さいけれど高密度！

はぁ〜……。太陽のスケールが大きすぎて，衝撃でした。想像を絶するスケールといいますか……。何もかもケタちがいで……。

すごかったでしょう。この巨大な恒星のエネルギーの影響下で，われわれの太陽系は成り立っているんですね。
惑星は，太陽から近い順に，岩石惑星，巨大ガス惑星，巨大氷惑星と分類されるとお話ししました。
3時間目では，この岩石惑星を一つずつ，じっくり見ていきましょう。

お願いします！　楽しみだなあ。
岩石惑星というと，水星，金星，地球，火星，ですね。
地球型惑星ともいうのでしたね。

その通り！　ではまず，太陽に一番近い**水星**を見てみましょう。

水星 Mercury

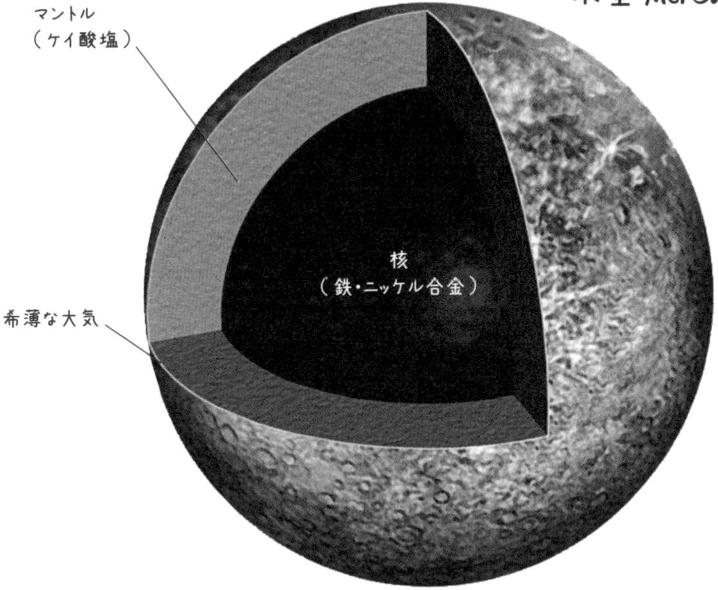

視半径	5”.49
赤道半径	2439.4km
赤道重力	地球の0.38倍
体積	地球の0.056倍
質量	地球の0.05527倍
密度	$5.43g/cm^3$
自転周期	58.6461日
衛星数	0個

（国立天文台編『理科年表2024』より）

水星は，太陽系の中で一番太陽に近い，つまり一番内側をまわっている惑星です。
水星の赤道半径は**2439.4キロメートル**で，太陽系の八つの惑星の中では最も小さな惑星です。

ふむ。サイズは小さいんですね。

ところが，水星は核が非常に大きく，その密度は太陽系惑星の中で2番目に高いんです。

そうなんですか!?

2011～2015年まで水星探査をおこなったNASAの探査機**メッセンジャー**によって，水星の核の直径は，地球では全直径の半分くらいであるのに対し，**約85%**もあることが明らかになったのです。体積で見ると，地球の場合，核の割合は全体の17%であるのに対し，水星は**57%**も占めます。

小さいけど，中身はつまっているわけですか。

その通りです。また，水星の平均密度は1立方メートルあたり5430キログラムです。金星は5240キログラム，地球は5510キログラム，火星は3930キログラムです。つまり，水星は地球よりも小さいのに，密度はほぼ同じくらい，ということになります。

水星は核が大きくてずっしりしているんですね。そもそも惑星の密度のちがいって，どうやって生まれるんですか？

各惑星は自分の重力によって押しちぢめられています。重力は惑星の質量が大きいほど強く，内部物質を圧縮する力が強まります。ですから，それぞれの惑星の質量のちがいで密度も変わるわけです。

なるほど，じゃあ，大きい惑星ほど密度も高いというわけか。
……ん？　でも水星は太陽系の中で一番小さいのに，なぜこんなに高密度なんですか？

ズバリ，水星はほかの岩石惑星と材料がちがうんです。
1時間目でお話ししたように，惑星の内部では，重い物質（金属）は中心部に沈み，軽い物質（岩石）は外層へと浮きます。岩石が衝突をくりかえす過程で，中心部に沈んだ重い物質が固まってできた部分を**核（コア）**，軽い物質が集まった部分を**マントル**といいます。
水星の核は，密度の高い**鉄**や**ニッケル合金**などの金属が主な成分なんです。

なるほど，重い材料でできているんですね。
ところで，なぜ水星だけ，そんなに核の割合が大きいのでしょうか？

残念ながら，これもはっきりとした理由はわかっていません。最も有力とされているのは，水星に巨大な天体，おそらく水星の半分ほどの半径の天体が衝突し，マントル部分を吹き飛ばしたために，中心核の割合が高くなったのではないかという説です。

そんな巨大な天体が？

はい。一方で，NASAの探査機**メッセンジャー**の観測によると，水星の表面には**カリウム**などの揮発性物質が，想定していたより多量に存在することがわかりました。揮発性物質は，こうした巨大天体が衝突すると揮発してしまうと考えられるので，そう考えると，この巨大天体衝突説が正しいともいいきれないのです。

水星の地形はドラマチック！

水星の表面を見てみましょう。水星の表面は，無数の**クレーター**におおわれています。クレーターは，巨大隕石が落下した際にできる大きなくぼみのことです。

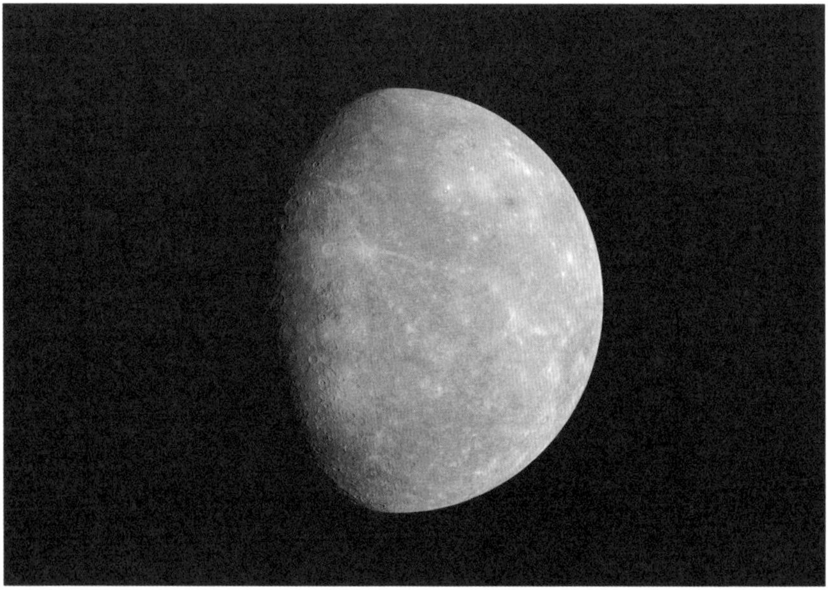

無数のクレーターがあるということは，水星には多数の小天体が衝突したわけなんですね。

そうですね。NASAの探査機，メッセンジャーがとらえたクレーターのいくつかには，フランスの画家「エドガー・ドガ」など，芸術家の名前がつけられているんですよ。ほかにも葛飾北斎の**ホクサイ**や，歌川広重の**ヒロシゲ**，松尾芭蕉の**バショー**などがあります。

面白いですね。

その中でも最大のものは，直径が約1550キロメートルもある**カロリス盆地**とよばれるクレーターです。このクレーターの直径は，水星の直径の3分の1以上もあるんですよ。**このクレーターは，数十億年前に巨大な小惑星が衝突したことで形成されたと考えられています。**

大きいですね……。

また，広大なカロリス盆地の中央には，約40キロメートルにもおよぶ**パンテオン地溝帯**とよばれる，放射状に広がる溝状の地形があります。しかし，この地形がなぜ生まれたのかはわかっていません。
ちなみに，この名称は，ローマのパンテオン（神殿）に形が似ていることに由来するんですよ。

へえぇ……。広大な盆地の中央に“神殿”だなんて。何だか神秘的ですね。

また，水星といえば，**衝《しょう》上《じょう》断《だん》層《そう》（lobate scarps）**がよく知られています。
衝上断層とは，地殻の一部が，ほかの地殻の上部に緩やかな角度で乗り上がった状態の地形のことです。この衝上断層は，水星ができる過程で惑星の内部が冷え，水星全体が冷却収縮したことによってできたのではないかと考えられています。

そんなことまでわかってきているんですね。水星の地形は何だか**ドラマチック**ですねえ。

水星の1日は，地球の176日!?

水星は，巨大クレーターや断崖だらけの地形といい，極端に高い密度といい，なかなか過酷な運命をたどってきた惑星のようですね。居住するにはちょっと厳しそうですねえ。

そうかもしれませんね。
それから，水星は太陽に一番近いので，太陽のまわりを1周するのに，88日しかかかりません（公転周期88日）。しかし，自転周期は59日と非常にゆっくりです。太陽のまわりを1周するあいだに1回転半しかしないんですね。

すごくゆっくりですね。

昼夜のサイクルは，公転の速度と自転の速度の差によってが生じます。たとえば，自転速度と公転速度が釣り合うと，昼夜は交代せず，常に昼の半球と常に夜の半球が生じることになります。
水星の場合，公転速度の5割増しで自転しているので，昼夜サイクルの速度は公転速度の5割（すなわち2分の1）となります。速度が2分の1なので周期は2倍となるわけですね。ですから，夜明けから次の夜明けまでにかかる時間，すなわち水星の1日の長さは，公転周期の2倍の**176日**になります。

1日が長すぎますね！ 水星に住むとしたら，どんな感じなんでしょう。想像がつきません。

地球と水星の1年をくらべてみると，地球の場合，朝太陽がのぼり，夜になると暗くなって1日が終わり，それを日々くりかえしながら1年（365日）が終わりますよね。しかし水星の場合，昼夜がほぼ変わらないまま1年（88日）が終わることになります。

1年で1.5回転しかしないわけですからね。
日がのぼったら88日間昼間が続いて，日が沈んだら88日間夜が続く，ってわけですか……。

さらに，水星は太陽に最も近い惑星ですから，灼熱の太陽に照らされ続ける昼の地域は，温度は**430度**まで上がり，逆に暗い闇が続く夜の地域の温度は**マイナス200度**近くまで下がります。

水星は，昼と夜ではげしい温度差が生まれる，過酷な環境の惑星なのです！

「ぽかぽかと太陽が照りつけるあたたかい昼下がり」なんて生やさしいものじゃないんですね。

3回目の水星探査プロジェクトが進行中！

このように，水星は環境が過酷すぎるため，これまで水星に行ったことがある探査機は，マリナー10号（1975年）とメッセンジャー（2011年）の2機のみでした。でも現在，ESAとJAXAが共同でおこなう国際水星探査計画**BepiColombo（ベピコロンボ）**が進行中なんです。

「ベピコロンボ」って，面白い名前ですね。

「ベピコロンボ」は，イタリアの天体力学者**ジュゼッペ・コロンボ**（1920～1984）のニックネーム「ベピ」にちなんだものです。コロンボ博士は，スイングバイを応用して探査機を周回軌道に到達させる方法を考案した人で，マリナー10号では，金星でスイングバイさせるアイデアを出し，水星探査を成功させたんです。

このほかにも，水星の自転周期と公転周期の比率が2：3である原因を解明するなど，水星探査で多くの功績を残したんですよ。

そうだったんですね！

ベピコロンボは，水星の磁場・磁気圏の観測をおこなう水星磁気圏探査機**みお（MMO）**と，表面・内部の観測をおこなう水星表面探査機**MPO**の二つの周回探査機が合体したもので，水星周回軌道に到達したのち，それぞれが分離して水星探査をおこなう計画です。
探査機は2018年10月20日にすでに打ち上げられていて9回のスイングバイを経て，2025年12月に水星周回軌道に到着する予定になっています。

もう，来年には到着じゃないですか。どんなことがわかるのか，ワクワクしますね！

STEP 2

厳しすぎる環境，金星

金星は大きさも密度も地球に近く，“双子の惑星”ともいわれています。しかしその環境は地球とは大きくことなり，厳しいものです。金星の過酷な環境をのぞいてみましょう。

本当は，生命あふれる星になったかもしれない

先生，水星はなかなか過酷そうな環境でしたね。やっぱり太陽に近すぎると，環境的にはかなり厳しいものがあるなあ……。

では次に，太陽から2番目に近い**金星**を見てみましょうか。
太陽から金星までの平均距離は約1億820万キロメートルです。太陽から地球までの平均距離は約1億5000万キロメートルですから，金星は地球のすぐ内側の軌道をまわっている，地球に一番近い惑星でもあります。
太陽と月に次いで明るく見えるので，**明けの明星**とか**宵の明星**といわれることもあります。また，月と同様に満ち欠けもしています。

ああ，宵の明星は夕焼け空にキラキラ輝いて見える星ですよね。知っています。朝寝坊なので明けの明星はあまり見たことがありませんが。

ハハハ！　実は私もそうです。また，大きさは，赤道半径6051.8キロメートルで，地球の半径（約6400キロメートル）とほぼ同じです。重力は地球の0.91倍，体積は地球の0.875倍，質量は0.815倍です。

サイズ感が地球と似ていますね。

そうなんですよ。組成も地球と似ていて，となりどうしでもあることから，**双子星**といわれることもあるんです。

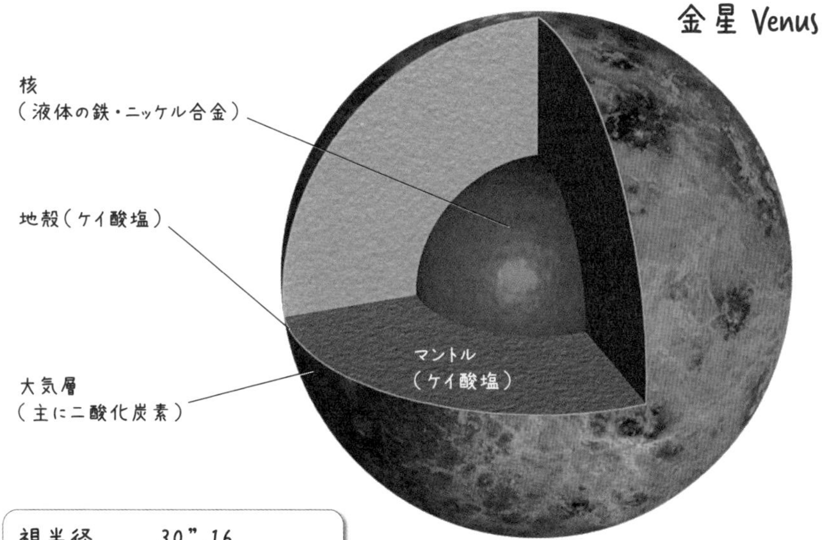

視半径	30".16
赤道半径	6051.8km
赤道重力	地球の0.91倍
体積	地球の0.857倍
質量	地球の0.815倍
密度	5.24g/cm^3
自転周期	243.0185日
衛星数	0個

（国立天文台編『理科年表2024』より）

本当ですか！　だとすれば，火星よりもむしろ，金星に生命がいてもおかしくないのではないですか？　うーむ。金星は盲点だったなあ。

ところがですね……双子星といえども，金星の環境は地球とは似ても似つかないものなんです。
たとえば気圧を見てみましょう。地球では，地上の気圧は約1気圧です。しかし，金星は**約90気圧**もあるんです。この気圧は，地球上だと水深900メートルの海の中にいるのと同じくらいの圧力なんですよ。

ひゃああ～！　金星に着陸したとたん，ぺちゃんこになってしまいますね。

また，金星表面の温度は**約460℃**にも達します。金星は灼熱の惑星なんです。

灼熱の惑星！
水星よりも太陽から離れているのに……!?

そうなんです。また，金星の上空45～70キロメートルは，ぶ厚い雲におおわれていて，宇宙からは，金星の地表を直接見ることはできません。
そして，この雲で太陽光がさえぎられるため，金星の地表には，太陽光は地球の約10分の1しか届かないんです。
それだけではありません。そのぶ厚い雲の成分は水ではなく，**硫酸**なのです。濃硫酸は太陽の光をよく反射するので，金星は明るく輝いて見えるんですね。

硫酸の雲!?

灼熱の世界に，硫酸の雨が降る……？　地獄じゃないですか！

ええ。でも，その硫酸の雨は，あまりの高温で，地表に届く前に蒸発してしまうんですがね。
また，惑星の表面をおおう大気の主な成分は，地球は主に窒素や酸素ですが，金星は**二酸化炭素**です。
金星の灼熱の世界は，この二酸化炭素による**温室効果**のせいなんですよ。

今，地球温暖化の問題で話題にのぼる，あの温室効果ですか？

そうです。惑星は，太陽から届く光（波長が短い光。可視光）によって地表があたためられます。しかし，地表に吸収された光の一部は，赤外線（波長が長い光）としてふたたび宇宙空間へと放射され，放射されたぶん，地表は冷えるんですね。
しかし，二酸化炭素をはじめとする一部のガスは，波長の長い光を吸収・放射するはたらきがあるので，地表から放射された赤外線を吸収して，ふたたび放射するんです。この，再放射された赤外線が地表をおおうことで，惑星の温度が保たれるわけです。この現象が**温室効果**で，二酸化炭素など，赤外線を吸収する性質をもつ気体を**温室効果ガス**というのです。

ふむふむ。だから今，地球では，二酸化炭素排出の原因となる化石燃料にかわるエネルギーが必要なわけですね。

その通りです。ちょっと横道にそれてしまいましたが，本題にもどりましょう。
金星は，この温室効果ガスの筆頭である二酸化炭素の割合が，大気の約96％を占めているんです。
この濃密な二酸化炭素による強い温室効果のため，金星は灼熱の惑星となっているのです。
ちなみに，地球の場合，大気に含まれる二酸化炭素の割合は，わずか約0.04％です。

そういうわけですか……。地球は今，このわずかな二酸化炭素濃度の上昇で温暖化の危機に瀕しているわけですよね。

はい。地球では，産業革命前から現在まで，二酸化炭素が大気に占める割合は0.01％ほど上昇したといわれています。

うーむ。先生，地球と金星は地球とよく似ていて，太陽からの距離も少しちがうだけなのに，なぜ地球は生命を育むおだやかな惑星になり，金星は地獄のような灼熱の惑星になったんでしょう？

地球と金星の運命を分けたのは，まさに太陽からの距離の，わずかな差であったと考えられています。
というのも，太陽から金星までの距離は，太陽から地球までの距離の約0.72倍（0.72au）です。このぶん，金星は地球よりも多くのエネルギーを太陽から受け取っていることになりますよね。

それはそうですね。

地球も金星も，惑星としての原形ができあがったころは，原始惑星どうしの衝突によって発生したエネルギーなどによって，惑星全体がどろどろに溶けた状態（マグマオーシャン）でした。
この段階では，水は，地球にも金星にも，**水蒸気**として大気中に存在していました。水蒸気も強力な温室効果ガスの一つです。

生命のもととなる水が，その段階では地球にも金星にも存在していたんですね。

ところが，地球よりも太陽に近い金星では，水蒸気が液体の水になれないほど高温の状態が続いた可能性があるんです。
そして**水分子が水蒸気の状態で大気中にとどまるうちに，太陽からの紫外線を受けて水素原子と酸素原子に分解され，軽い水素原子が宇宙空間へと飛ばされてしまったと考えられています。その結果，金星では水が失われて，大量の二酸化炭素が大気中に存在することになったのです。**

金星は熱すぎて，水蒸気は液体の水になる前に分解されてしまったわけなんですね。

そうなんです。
このとき，金星では，大気中に水蒸気がふえることでさらに温室効果が強まり，温度が上がるにつれてさらに水蒸気の増加を促すという**暴走温室効果**がおきたといいます。

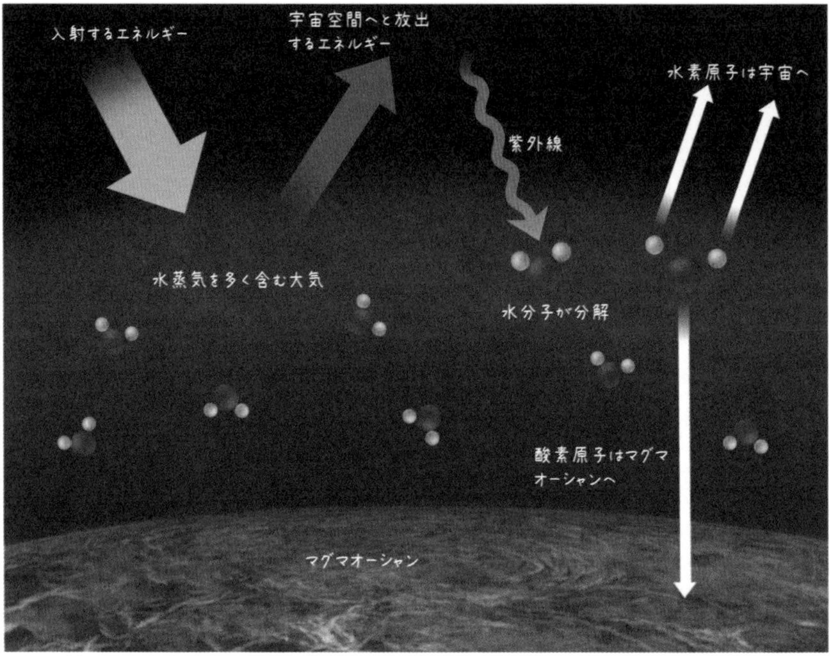

金星は，あまりの高温で水蒸気は液体の水になることはなく，その結果，すべての水が蒸発しつくされ，水素と酸素に分解されて宇宙空間に逃げてしまったというわけなんです。

壮絶ですね。

一方，金星より太陽から少し離れている地球の場合，水蒸気は冷えて液体となったため，それが**海**になり，二酸化炭素は海に溶けこんだわけですね。

なるほど……。

ちなみに，数十億年前の金星には，地球と同じくらいの量の海が存在したかもしれないと考える研究者もいます。40億年ほど前は，太陽が現在より3割程度も暗いため、現在ほど金星の地表面温度は上がらず，海洋が完全に蒸発するほどの高温にならなかった可能性があるのです。
とはいえ，やはり最終的には蒸発して，結果的に暴走温室効果によって，水は失われてしまったと考えられています。

どちらにしても，金星に海は存在できなかったんですね。

金星の大気は，超高速で循環している

双子星の運命の分かれ道……金星もかなりドラマチックな惑星ですね。

そうですね。さて，金星は地球とよく似てはいますが，その自転周期と公転周期は大きくことなります。
特に，金星の自転スピードは非常に遅く，1周するのに**243日**もかかります。また，地球とは逆まわりに自転していることが特徴です。ですから，金星では太陽は西からのぼり，東に沈みます。

へええ〜！

金星はぶ厚い雲におおわれているとお話ししましたが，この金星の雲は，ものすごい速度で移動しています。雲が浮かんでいるあたりでは，秒速100メートルもの気流が流れていることがわかっています。

秒速100メートル!?　吹っ飛ばされちゃいますね！

この気流は4日で金星を1周するもので，**スーパーローテーション（超回転）**とよばれています。
金星の赤道での自転スピードは秒速約1.8メートルなので，スーパーローテーションはその60倍ほどのスピードになります。
この気流がなぜ発生するのかは，長らく金星大気の大きな謎の一つでした。

「一つでした」ってことは，解明されたんですか？

そうなんです。2010年5月21日に打ち上げられた日本初の金星探査機**あかつき（PLANET-C）**は，金星の大気の謎を解くために開発された探査機で，スーパーローテーションで金星を循環する雲といっしょに金星をまわり，気象衛星のように大気の動きを観測したんです。

すごい！

その結果，金星のスーパーローテーションは，**熱潮汐**によって発生していることがわかりました。

熱潮汐とは，昼間に熱せられた大気が夜になると冷やされることで膨張と収縮をくりかえすことで生じる流れのことです。自転の速度が遅く，昼と夜の寒暖差が大きい金星では，スーパーローテーションは熱を効率的に行き渡らせるしくみになっているのだといわれています。

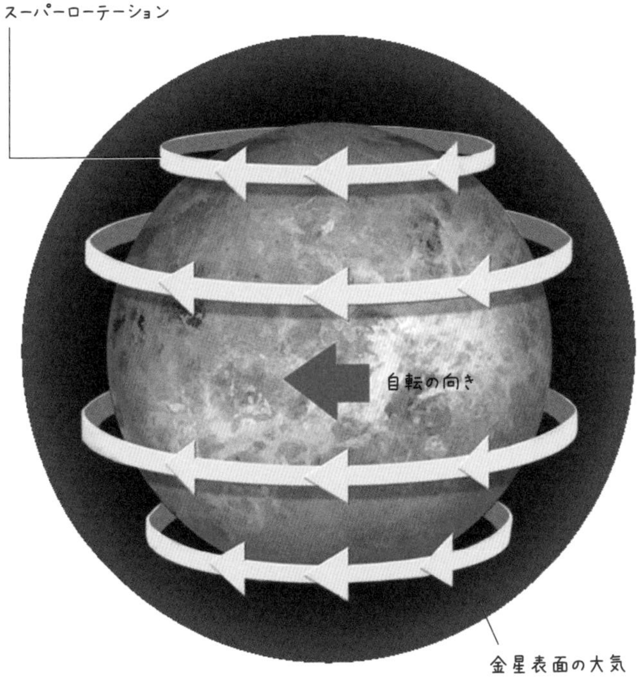

金星の表面はほぼ，溶岩でおおいつくされている！

ところで，金星はぶ厚い雲のせいで，宇宙から直接地表を見ることができないということでしたが，どんな地形をしているんでしょう。

1989年に打ち上げられたNASAの金星探査機**マゼラン**は，金星の表面に電波を発射し，はね返ってきた反射波を解析することで，雲の下にかくれた地形をくわしく探りました。その結果，**金星の表面の85％は溶岩でおおわれていることがわかりました。**
また，平地が全体の約60％を占め，平均面から2キロメートル以上高い地域は，約13％あることがわかりました。

そんなことまでわかってしまうんですね。

それから，金星の地表には，**コロナ**とよばれる，同心円状の断層帯をもつ巨大な円形地形や，**パンケーキドーム**とよばれる，直径20〜30キロメートルほどの火山性ドームなどの地形が多数あることがわかっています。これらは，金星の内部にあるマグマが地殻を突き破って噴出してできたものと考えられます。

噴火ですか!?

また，溶岩が流れた形跡を示す**チャネル**とよばれる，溝状の地形も多くみられます。これらの地形から，金星は過去にはげしい火山活動があったことがわかります。

直径数百キロメートルの円形地形「コロナ」

金星内部から高温のプリュームが上昇してきて，金星表面を加熱すると同時に地殻を押し上げたのち，押し上げる力が弱まったことでできた円形構造がコロナだと考えられている。

はげしい火山活動は，地球と似ていますね。

そうですね。しかし，金星は地球とは惑星の進化のプロセスがかなりことなるようなのです。
というのも，金星ができたのは地球と同時期の46億年前ですが，表面のクレーターの数密度（同じ面積あたりの数）から推測すると，金星の地殻が形成されたのは5億～10億年と見積もられています。一方，地球の大部分の地殻は約2億年以下なのです。

本当だ，地球とぜんぜんちがいますね。
金星の火山は，もう活動していないのですか？

金星の火山活動はもう終わっていたと考えられてきました。しかし，アラスカ大学のロバート・ヘリック教授らにより，金星探査機マゼランが1990年～1992年に撮影した画像の再分析から，金星の火山活動が現在も続いている痕跡があることが発見されています。

そうなんですか!?　金星って，まだまだ活動中かもしれないんですね！

金星は，お話ししたようにかなり過酷な環境の惑星のため，探査機が送りこまれたのは1960年でしたから，まだ解明されていない点がたくさんあります。
現在運用中のあかつきや，これから投入予定の探査機もありますから，今後分析が進めば，金星の謎はさらに解明されていくことでしょう。

楽しみです。でも，金星には住めなさそうですね。

金星の活発な火山活動の想像イラスト

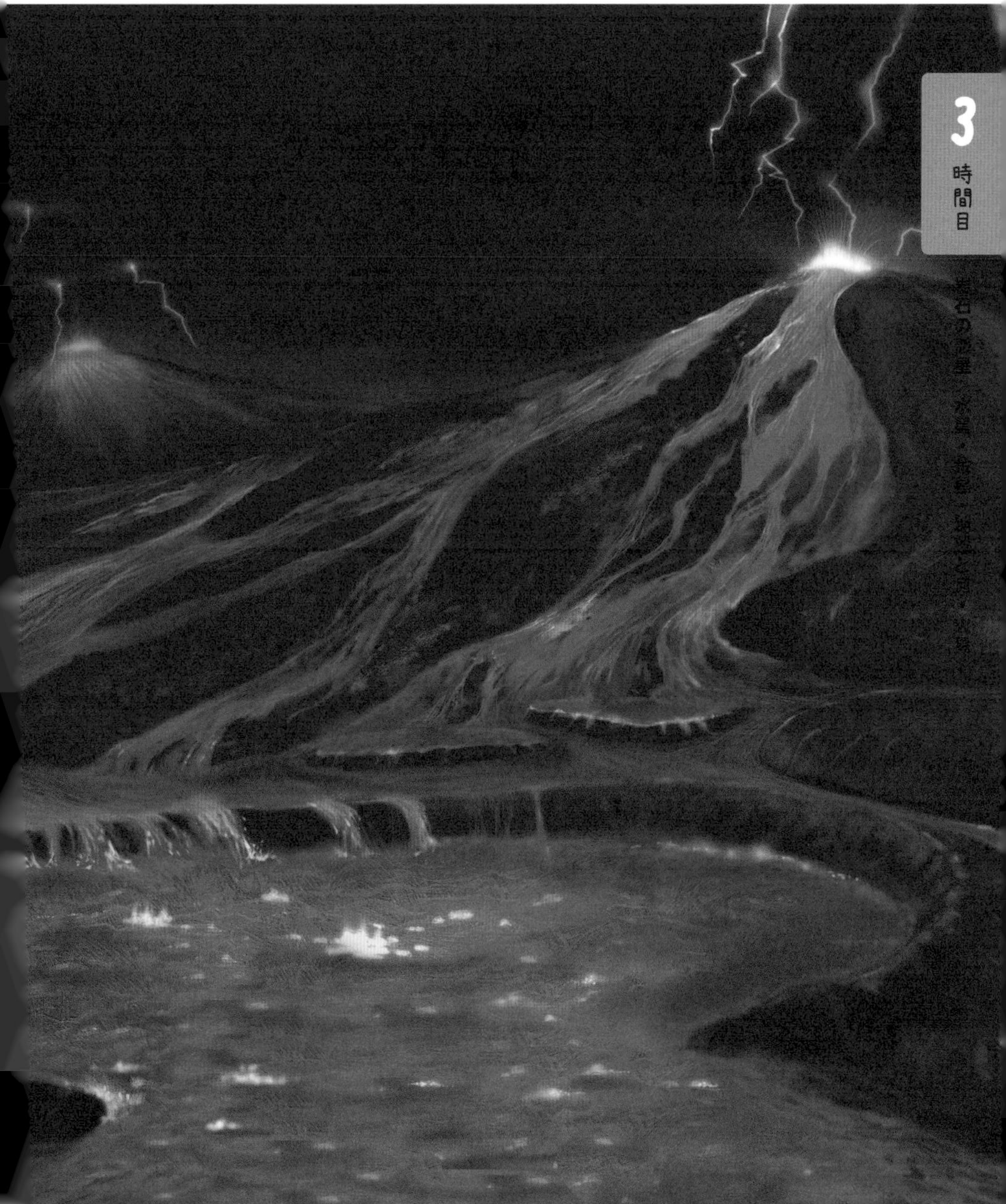

STEP 3

太陽系で唯一，生命が存在する惑星，地球

太陽系第３惑星「地球」。ここにはほかの岩石惑星とはちがい，多くの生命が育まれています。なぜ地球では生命が生まれたのでしょうか？

地球は磁気でバリアを張っている

さあ，次は，私たちが住んでいる**地球**です！
住み慣れた環境ですが，あらためてながめてみると，地球が非常に興味深い惑星であることがよくわかります。

ここまでのお話を聞いて，生命があふれているというだけで奇跡のような気がしています。

本当に，その通りです。それではまず，基本的なところから見ていきましょう。地球の体積はおよそ1兆立方キロメートルで，質量は5.972×10^{24}キログラムです。
表面は，約71％が**海**で，残りの29％が陸地となっています。この，**海があることが，地球の大きな特徴の一つです。**

私は普段，海が見えない場所に住んでいますからあまり意識したことがないのですが，こう聞くと，地球って本当に“水の惑星”なんですねえ。

そうですね。また，地表をおおう大気の成分は，窒素が78％，酸素が21％となっています。地球の表面温度は，場所や季節によって60度からマイナス98度と変化しますが，1年を通した表面全体の平均気温は約15℃です。つまり，**地球はほかの惑星よりも表面の温度差が少なく，これも地球の大きな特徴です。**

ふむふむ，安定した環境ですね。

地球の内部は，中心部に鉄やニッケルなどの金属でできた**核**があり，外側に高温の岩石でできた**マントル**，さらに外側を薄い岩石層の**地殻**がおおっています。

地球 Earth

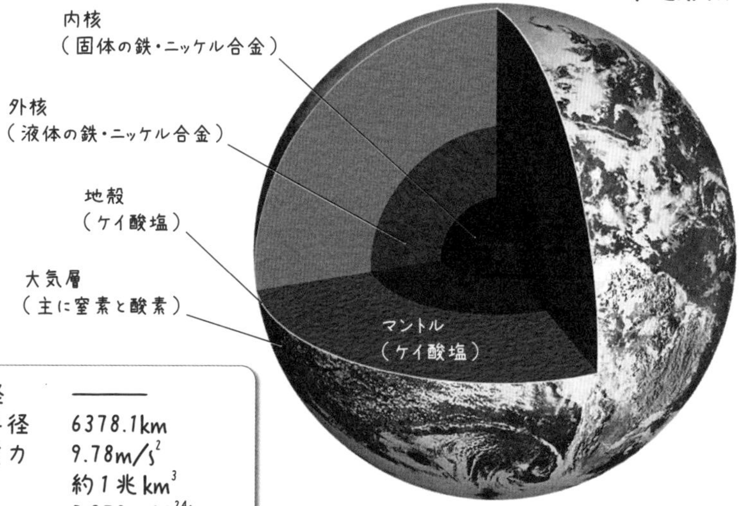

視半径	――
赤道半径	6378.1km
赤道重力	$9.78m/s^2$
体積	約1兆km^3
質量	$5.972 \times 10^{24}kg$
密度	$5.51g/cm^3$
自転周期	0.9973日
衛星数	1個

（国立天文台編『理科年表2024』より）

赤道半径は6378.1キロメートルで，太陽系の惑星の中では5番目の大きさですが，密度は5.51g/cm^3で，太陽系の中で最も密度の高い惑星です。
地球は地球型惑星の中で最も重いため，重力も大きくなり，内部の物質がより圧縮されることで密度が高くなっています。

中心部の組成が鉄やニッケルというのも，水星と似ていますね。

地球の核は，固体の**内核**と，液体の**外核**の2層構造になっています。外核を形成しているのはドロドロに溶けた金属で，その流れが電流をおこし，**地磁気（地球磁気）**をつくりだしています。

地球はでっかい磁石なんですね！

そうなんです。地磁気は，地球のN極（南極）から出てS極（北極）に入る磁力線が地球を何重にも取り巻くことでできています。そして，この地磁気は，実はとても重要な役割を果たしているんです。

重要な役割？

はい。2時間目で，「太陽風」についてお話ししました。太陽風とは，太陽から放射されるプラズマガスで，地球付近を秒速400キロメートルもの勢いで吹き抜け，海王星まで達するという強力な“風”です。

プラズマの粒子は電気を帯びているので，太陽風が強まると地球の磁場が乱れ，電気系統に大きな損害をもたらすことがあります。

ああ，思いだしました！

しかし通常は，太陽風は地球の磁力線に沿うように進路を曲げられるので，地球は太陽から降り注ぐ太陽風をまともに受けずにすんでいるのです。

なるほど，磁場が**バリア**になっているわけですか！　まるでSFの世界みたいですね。

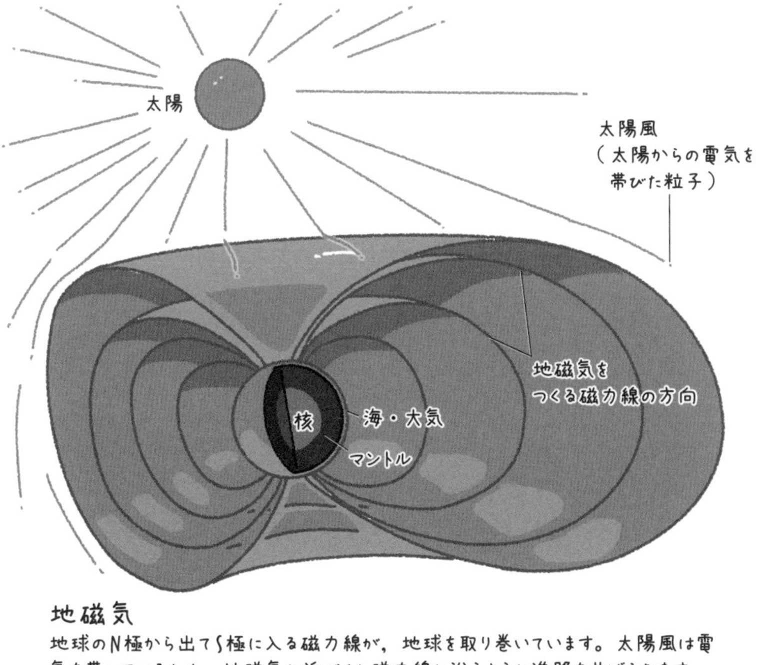

地磁気
地球のN極から出てS極に入る磁力線が，地球を取り巻いています。太陽風は電気を帯びているため，地磁気に近づくと磁力線に沿うように進路を曲げられます。

生命が存在できるポイントは液体の水と陸

さて，地球の生命にとって必要だと考えられている条件のうち，最も重要なのは**液体の水**の存在です。

地球の“双子星”の金星は，地球よりも少し太陽に近かったために，液体の水は存在できなかったんですもんね……。ところで先生，水って，「液体であること」がやっぱり重要なんですか？

そうなんです。普通，惑星では火山活動によってつねにその内部から二酸化炭素が供給されています。二酸化炭素は，温室効果によって惑星を保温しますが，二酸化炭素が出てくるばかりで取りのぞかれなければ，温室効果が強すぎて，灼熱の惑星となってしまいます。

金星みたいにですね。

しかし，地球は，陸と液体の水，すなわち海があることで，二酸化炭素濃度を調整することができているのです。

一体どういうしくみなんでしょうか？

陸地は，海や河川，風雨などにさらされると，少しずつ浸食されていきますよね。この浸食作用によって，陸地を形成する物質から，カルシウムが溶けだしてくるのです。カルシウムは空気中の二酸化炭素と結合すると，**炭酸カルシウム**となり，海底に沈殿していきます。

さらに二酸化炭素は，海底よりももっと深くへと沈んでいきます。
地球は複数枚の**プレート（地殻）**でおおわれています。地球の内部では熱いマントルが対流していて，プレートは対流にともなって水平に移動し，プレートの境界では，ぶつかったり，引きはなされたりといった運動がおきています（プレート運動）。
プレートは，主に海底を形成する海洋プレートと，大陸を形成する大陸プレートがあります。大陸プレートと海洋プレートがぶつかる境界では，大陸を形成する重い大陸プレートの下に比較的軽い海洋プレートがもぐりこんでいきます（海溝）。そして奥深くもぐりこんだ海洋プレートは，マントルの熱で溶かされて，地球の奥深くへと沈んでいきます。

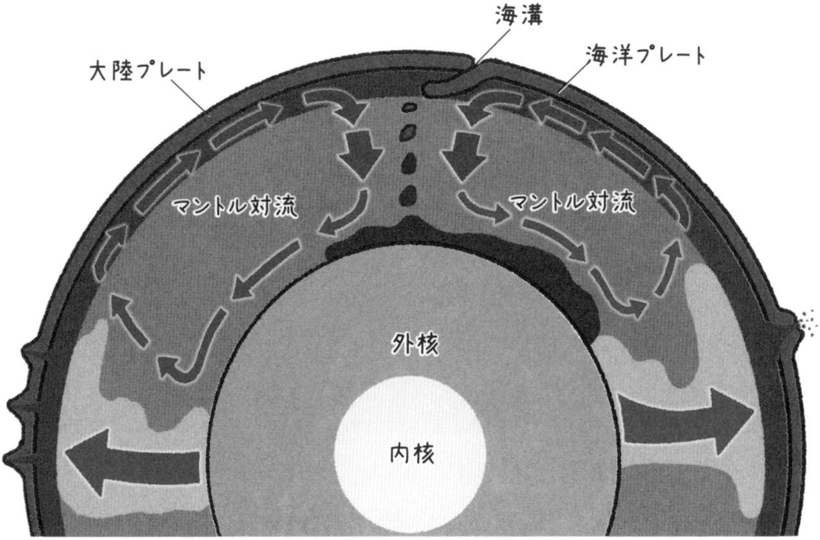

海底の奥深くではそんなことがおきているんですね。

説明が長くなりましたが，こうして，海底に沈んだ二酸化炭素は，プレート運動によって，地球の内部へと引きずりこまれていくのです。

なるほど，地球では，陸と海が，継続的に二酸化炭素を大気から取り除く装置となっているわけなんですね！
うまくできてるなぁ。

陸があることで，二酸化炭素の濃度が調整される。

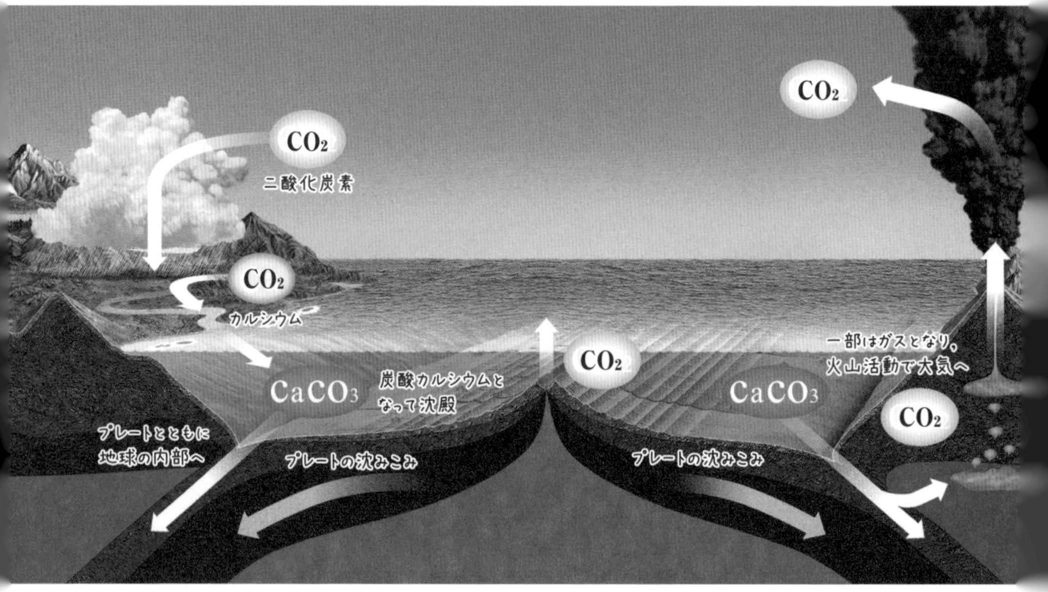

地球は46億年かけて現在の姿になった

地球もまた，最初から現在のような姿だったわけではありません。
地球が誕生したのは**約45億年前**だと考えられており，誕生当時の地球は，今とはまったくことなる姿をしていました。

天体が衝突し合っていて，その熱でドロドロに溶けたマグマの海におおわれていたんでしたね！

その通りです。やがて，天体の衝突が減ったことで，地球は徐々に冷えていったのです。
その過程で，大気中にあった水蒸気は雨となって地表に降りそそぎ，**海**をつくりました。そして，できあがったばかりの海に二酸化炭素が溶けていき，**石灰岩**として固定されます。こうして，少なくとも**約38億年前**には，地球上に海と最初の生命が誕生したと考えられているのです。

38億年前か……，ちょっと想像もつきませんね。

やがて太陽からのエネルギーを受けて光合成をおこなう生物の登場で，**酸素**がつくりだされました。

おっ！　ということは，そのあたりからずっと，今の地球に近い環境になっていたというわけですか。

ところが！　そうではありませんでした。地球環境は何度も激変をくりかえしていたのです。
約24億年前には，大気の二酸化炭素が大量に吸収されました。となると，どうなるでしょうか？

二酸化炭素が減るってことは……，温室効果の逆だから，寒くなったとか？

その通りです！　でもただ寒くなっただけではありません。地球は寒冷化し，**全球凍結したんです！**

ぜ，全球凍結!?

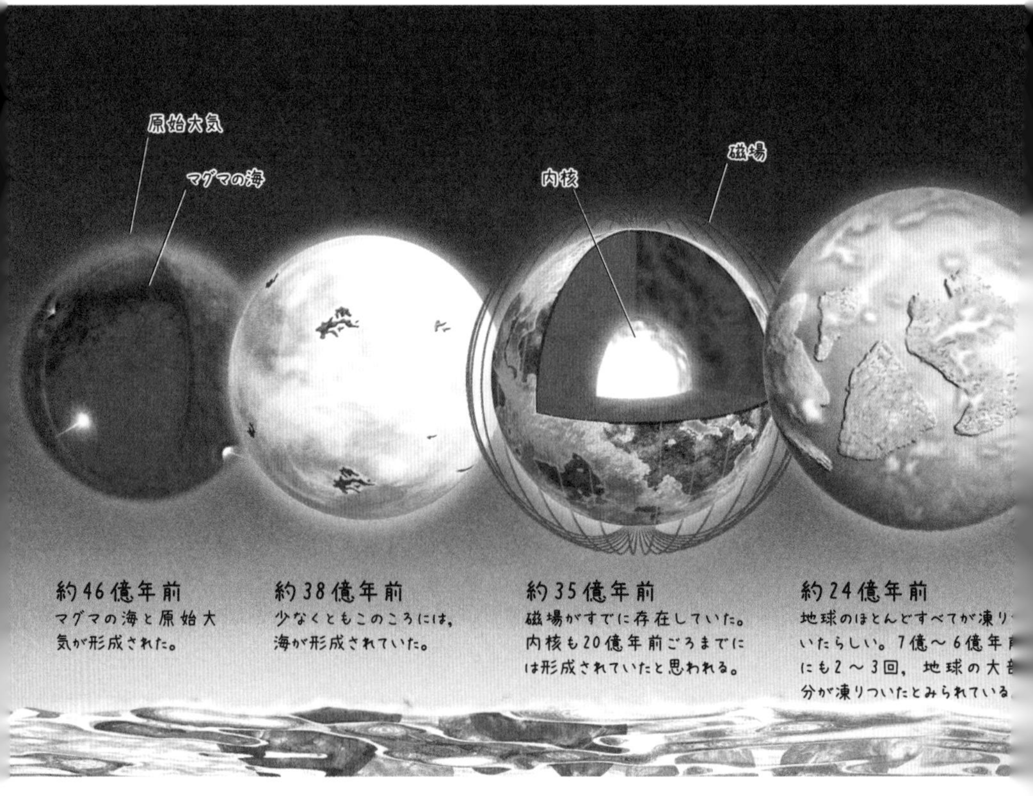

はい。全球凍結はその後もおこり，7億～6億年前には，地球の大部分が凍りついたとみられています。

地球って，そんな激変をくりかえしてきたんですね……。知りませんでした。

全球凍結のあとには，氷が溶けて地球は生命に満ちあふれることになります。しかし，こうして生まれた生命も，何度か大量に絶滅しています。
その一つが，約6550万年前に小惑星が衝突したことによっておきた絶滅です。このときに，地上を支配していた恐竜が滅んだと考えられています。

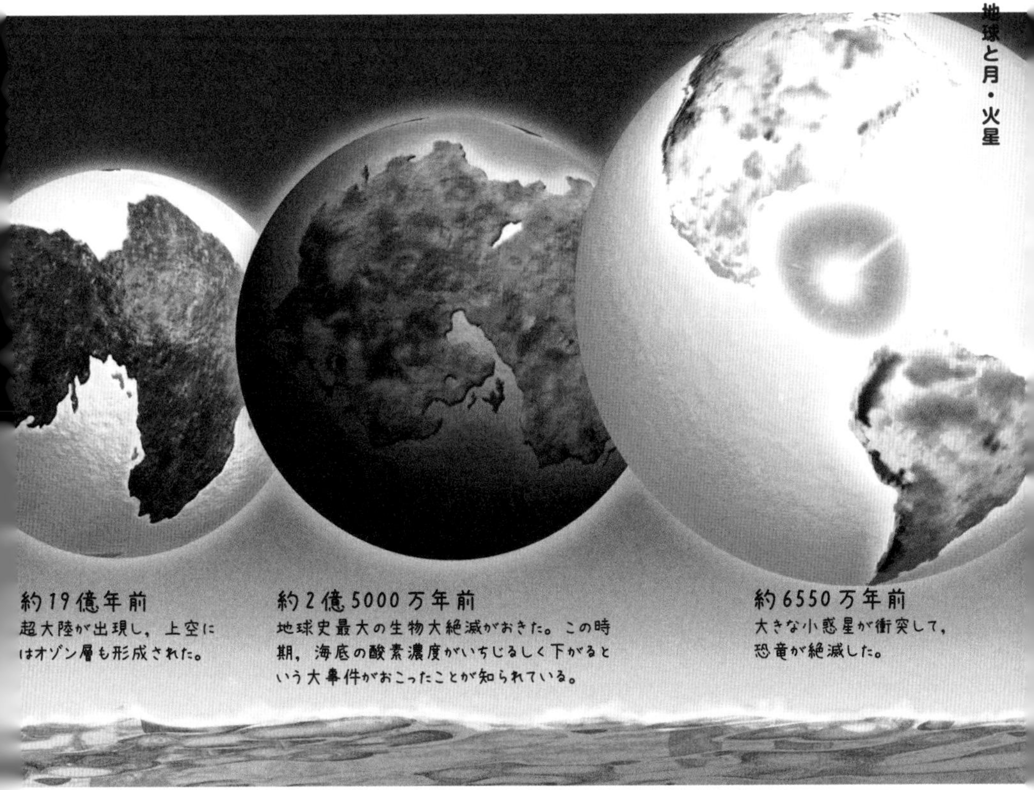

太陽光と地球の自転で偏西風が生まれる

金星のところでお話ししたように，気体や液体は，温度差があると対流がおきます。金星では，昼夜の大きな温度差による熱潮汐でスーパーローテーションがおきていましたね。地球にも，特徴的な大気の循環があります。

どんな循環なんでしょうか。

太陽から受けとる面積あたりのエネルギーは，赤道付近で最大となり，北極や南極付近で最小となります。そのため，赤道付近では大気があたためられて上昇気流が発生し，北極や南極付近では下降気流が発生するんですね。そのため，地球では，あたたかい空気が赤道付近から極方面へ向かい，逆に北極や南極付近の冷たい空気が赤道付近に降りてくるのです。この，地球全体の大きな大気の流れを，**大気の大循環**といいます。

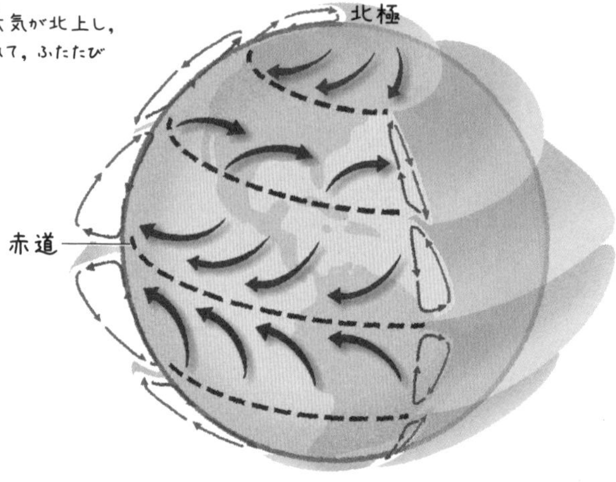

大気の大循環
赤道で上昇した大気が北上し，極地方で冷やされて，ふたたび赤道へもどる。

しかし，地球は自転をしているため，南北間を循環する大気の流れは，地球が回転する力の影響を受けて，複雑な大気の流れを生みだすんです。

複雑な大気の流れ？

はい。回転運動しているものの上で一定方向に動く物体には，その進路に対して，回転する方向の力がはたらくんです。この力を，**コリオリの力**といいます。
つまり，自転している地球の上で南北に循環する大気の流れに対して，横向きの力がかかるわけですね。

大気の流れの向きが変わるってことですか？

その通りです。**南北方向の大気の循環は，コリオリの力を受けて，北半球では進行方向に対して右方向に曲げられ，南半球では進行方向に対して左方向に曲げられるんです。**
また，緯度が高くなるほどコリオリの力は強くなります。その結果，赤道付近では，北東から南西への**貿易風**，中緯度付近では西から東に吹く**偏西風**，北極，南極から吹く，冷たい東風である**極偏東風**という，3種類の風が生まれるのです。
地球は，この大きな三つの大気の流れに包まれており，地球全体の気候や気象に大きな影響をあたえているのです。

へえぇ～！　大きな大気の流れに地球の自転が加わって，いろいろな大気の流れをもたらしているんですね。

低緯度の「貿易風」

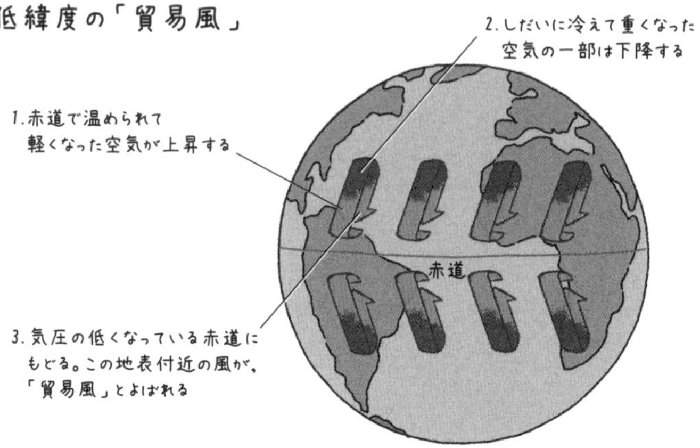

中緯度の「偏西風」

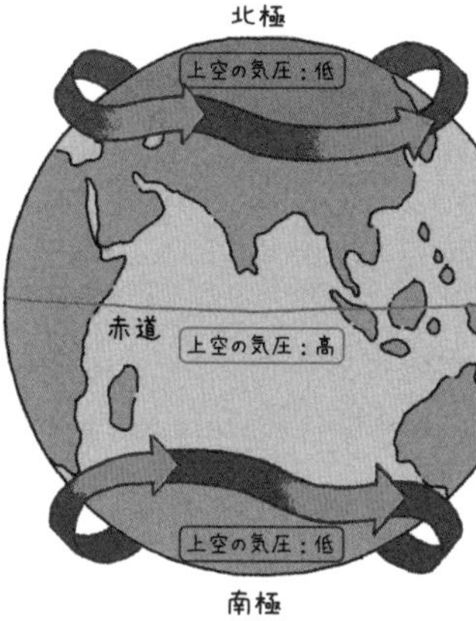

高緯度の「極偏東風」

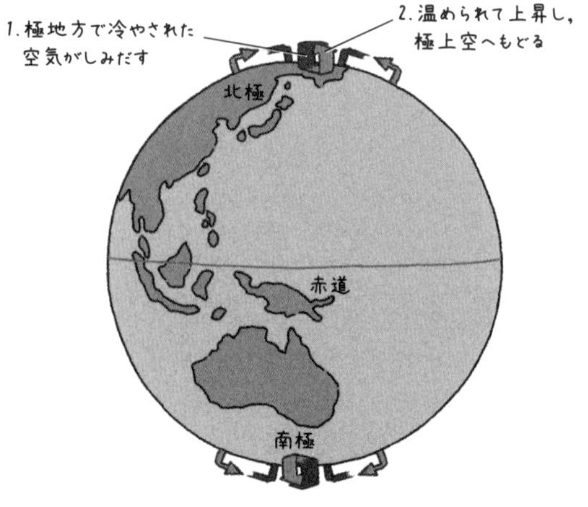

そうなんです。さらに，西から東へと地球を1周する偏西風は，赤道付近と極地との温度差によって，南北に蛇行して吹いています。偏西風が蛇行することで，南側で受け取った熱が北側で放出され，北側の寒気が南側にもたらされます。つまり偏西風は東西だけではなく，南北方向へも熱を運ぶ役目をになっているのです。

地球の温度のバランスを取ってるみたいですね。

そうですね。ですから，偏西風の蛇行が大きくなりすぎると，本来強いはずの西風が弱まり，異常気象の原因になることがあります。

地球の環境は，大気の流れが鍵なんですね。

太陽光と地球の自転で海洋大循環がおきる

大気の流れとともに，地表の約70％を占める海洋もまた，循環しています。海洋の循環は，**海洋大循環**といい，大気と同じように，北極や南極の冷たい海水が高緯度の海へ，また，高緯度のあたたかい海水が極地へと運ばれることで地球の気温が調節され，地球の気候に大きな影響をあたえているのです。

そうだったんですね。海の水って，一体どうやって循環しているんでしょう？

海洋大循環は，表層部分と深層部分でしくみがことなります。海面から数百メートルまでの表層部分は，上空の大気に引きずられることで循環しています。
一方，それより深い深層部分では**海水温**と**塩分濃度**のちがいが，循環の機動力となっています。

風で海水が流れるのはイメージできるんですけど，水温と塩分濃度で，どうやって循環するんですか？

水も大気と同様，冷たい水ほど重く，あたたかいほど軽くなります。さらに，海水の場合，塩分濃度が高いほど重くなります。これは，温度が低いほど，塩分の密度が高まるためです。

温度や塩分濃度で海水の重さが変わるなんて知りませんでした。

冷たく重い水は海底にぶつかると，海底に沿って，ゆっくりと広がっていきます。この広がりが，世界中の海洋をめぐる流れとなります。そして，冷たく重い水は，上層の海水と混ざり合うと密度が薄まり，ふたたびゆっくりと上昇していきます。

すごいスケールですね。

とはいえ，冷たくて重い水は，あちこちにあるわけではありません。海洋の水が沈みこむほど冷たく重くなるのは，緯度が66.5度以上を含めた海域，および極地周辺の海です。

現在わかっているのは，北大西洋の**グリーンランド沖**と，南極の**ウェッデル海**の2か所で，この2か所が海洋循環のスタート地点となっています。

へええ～！　スタート地点があるなんて知りませんでした。

グリーンランド沖では，冷たい海水が，深さ約2500メートルまで沈みこんでいます。ここで沈みこんだ水は，大西洋を南下していきます。そして，南極海(南極を囲む，南緯40度あたりまでの海)で，ウェッデル海で沈みこんだ水と混ざり合い，南極海を時計まわりに循環して，一部はインド洋や太平洋の深海へと流れこんでいきます。
そして，上層の水と混ざり合うことでふたたび表層へとわき上がり，大西洋を北上して，グリーンランド沖まで帰っていきます。

うわあ～！　壮大な流れですね……。

ちなみに，南極海とくらべて北大西洋はもともと塩分が高く，冷やされるだけで沈みこんでいきます。一方，南極海の塩分は若干塩分が低いので，ただ冷やされるだけではなかなか沈んでいきません。
しかし，南極海は，夏をのぞいてほぼ1年中，海氷で閉ざされます。氷は真水部分が固まってできるので，真水が減るぶん，塩分濃度が高くなるんですね。
こうして，南極でも冷たくて重い水ができるわけです。

なるほど。

海洋大循環

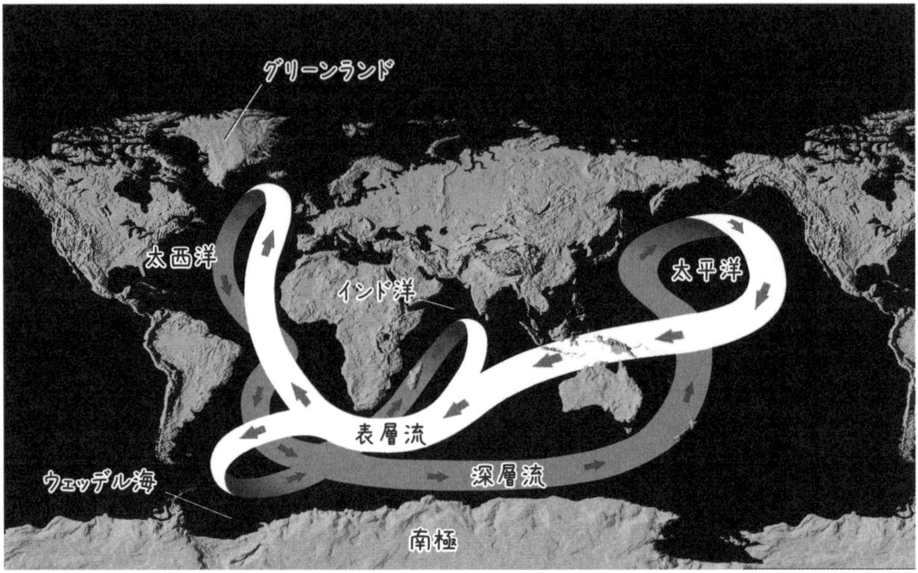

グリーンランド沖とウェッデル海で深層に沈みこんだ海水は，インド洋や太平洋でわき上がり，表層にもどる。

反対に，赤道近辺や高緯度域では，海水がさかんに蒸発して水蒸気となります。この水蒸気は，上空を流れる大気によって運ばれ，雨となって降り注ぎ，ふたたび海へとかえっていきます。

海水の温度差，塩分の濃度差のほかに，海上の大気の循環もかかわって循環しているわけですね。

そうですね。これらの作用によっておきる海洋大循環はとてもゆっくりしたペースで進んでいます。**海水が地球を一巡するのに，1000年ほどかかると考えられているんですよ。**

1000年!? えーと，今は西暦2024年ですから，紀元元年から今やっと2周目って感じですか……。とほうもないスケールですね。

地球に四季があるのは，地軸が傾いているから

さて，地域によってちがいはありますが，地球の大きな特徴の一つに，**四季**があります。

季節があることは，地球のすてきなところですよね。本当に地球って素晴らしい。

そうですね。ところで，なぜ地球にはこうした四季があるのかご存じですか？

四季がある理由ですか……。　あらためて聞かれると，わかりません。どうしてなんだろう？

地球に明確な四季があるのは，ズバリ，**地軸**が影響しているのです。

地軸？

はい。地球は太陽を中心に公転し，みずからも自転しています。地球に昼と夜があるのは，地球が自転しているからです。この自転運動の軸となるのが地軸です。

そして，この地軸は，地球の公転面の垂線に対して**約23.4度**傾いているのです（下のイラスト）。
季節の変化がおきる原因は，この約23.4度の傾きにあるんです。

傾きが，四季にどう関係するんでしょうか？

地球の地軸は，公転面の垂線に対して約23.4度傾いている。

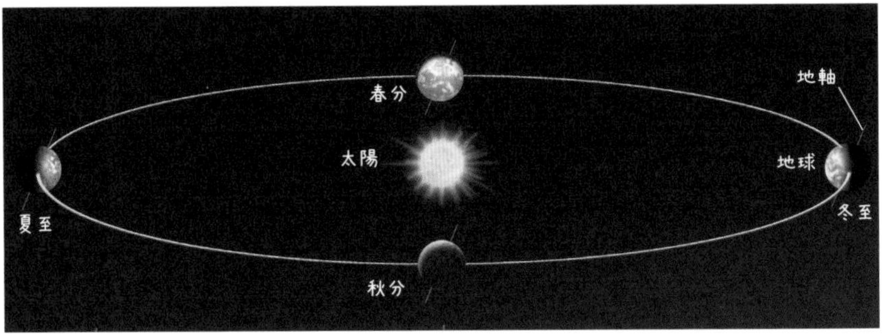

季節の変化に一番影響をあたえているのは，**太陽高度**と**日照時間**，つまり地表面が受けるエネルギー量です。
日本が位置する北半球では，**夏至**の太陽の南中高度（真南に来たときの太陽高度）が最も高くなり，日照時間も最も長いので，この日が，地表面が1年で一番多くの太陽エネルギーを受け取る日となります。

なるほど。

反対に**冬至**は南中高度が最も低く，日照時間が最も短いので，受け取る太陽エネルギーの量は，1年で一番少なくなります。

次のイラストは，日本を例にして，夏至，春分・秋分，冬至のときに，地球にはどのように太陽光が当たるのか（イラスト上段）と，おのおのの時期の，日本の地表に当たる太陽エネルギー量（イラスト下段）をあらわしたものです。

太陽光の当たり方

冬至は太陽高度が最も低くなり，地表面が受け取る単位面積あたりのエネルギー量が最小になる。逆に，夏至は太陽高度が最も高くなり，地表面が受け取る単位面積あたりのエネルギー量が最大になる。

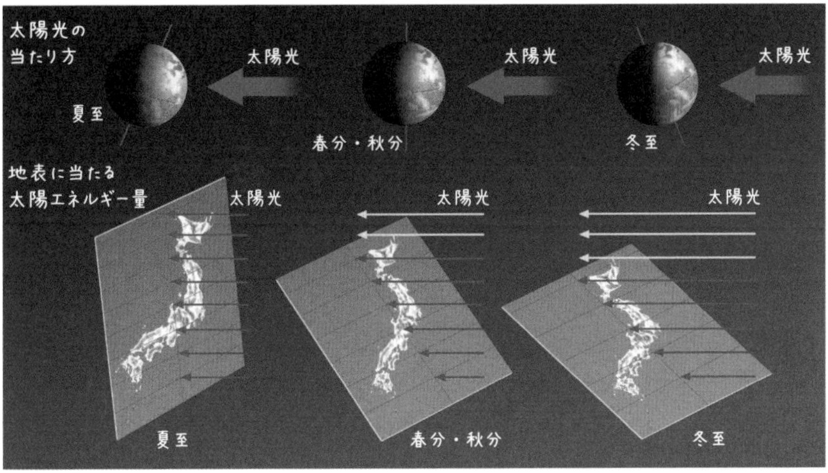

ふむふむ。

まず冬至のときを見てください。地軸の傾きによって太陽高度が最も低くなり，地表面が受け取る単位面積あたりのエネルギー量が最小になっています。

なるほど！　北半球にある日本は，地軸が傾いているから，確かに思いっきり斜めになってますね！

逆に，夏至は太陽高度が最も高くなり，地表面が受け取る単位面積あたりのエネルギー量が最大になっていることがわかるでしょう。

やっとイメージできましたよ。夏至が暑いわけだなあ。

でも，必ずしも夏至の日が最も暑い日というわけではありません。太陽エネルギーはまず，地表面をあたためます。そして，あたたまった海洋や地面から熱が放射されて，大気をあたためていきます。そのため，気温が変化するまで1〜2か月の時間差が生じるのです。

地球以外に，生命が存在する惑星はある？

いやあ，地球という惑星の姿を見てみると，太陽からの距離や大気の流れなど，いくつもの要素が奇跡的に重なって生まれたことがよくわかります。こんな惑星って，ほかにはないんじゃないかっていう気がしてきましたよ。先生，宇宙には，地球のような惑星は，ほかに存在しないんでしょうか？

その疑問に対して，アメリカの天文学者**フランク・ドレイク**（1930〜2022）は，面白い研究をしています。ドレイクは1961年に，**「天の川銀河に存在する通信可能な地球外文明の数」を求める方程式を考案したのです。**

通信可能な文明の数を求める方程式!?

ええ。その式は，現在では**ドレイクの方程式**とよばれています。半世紀以上前に考案されたこの式に，現在の知見を加えたものが次の式です。

現代版ドレイクの方程式

$$Nhabitable = NG \times fp \times fage \times fsingle \times fmetal \times fdisk \times fh.z$$

- Nhabitable：生命が存在する惑星の数
- NG：天の川銀河の恒星の数
- fp：惑星をもつ恒星の割合
- fage：寿命の長い恒星の割合
- fsingle：惑星が単独である割合
- fmetal：地球型の惑星が存在する割合
- fdisk：原始惑星系円盤が適切である割合
- fh.z：ハビタブルゾーン内に地球型惑星が形成される割合

文明をもった惑星の数＝Nhabitable×40億歳以上の恒星の割合×文明が獲得される割合
今なお文明のある惑星の数＝文明をもった惑星の数×現在も文明のある割合

式にある**ハビタブルゾーン**って何です？

「ハビタブルゾーン」とは，宇宙における，生命の生存に適した領域のことをいいます。
この式では，文明が築かれているかどうかより，生命が存在しうる惑星がいくつあるのかがわかるのです。

生命が存在しうる惑星はどれくらいあるんですか!?

計算によると，**天の川銀河にある恒星系の中で，その6.25％に生命が存在しうるといいます。**実に16個のうち1個の恒星系に，生命が存在するということになります。ですから，「生命が存在する条件を満たす惑星」は決してめずらしいものではないといえますね。

地球のような惑星がたくさんあるかもしれないんですね！

STEP 4

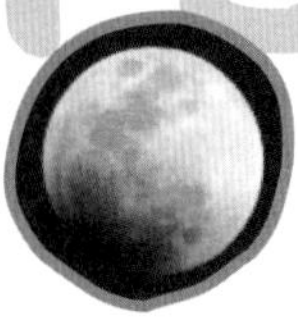

地球唯一の衛星，月

月は太陽と並び，私たちに最もなじみ深い存在です。月は，潮の干満など多くの影響を地球に与えています。ここであらためて，月の素顔をじっくりとながめてみましょう。

月には水があるかもしれない!?

地球のついでに，地球に最も身近な天体であり，地球の唯一の衛星である**月**も見てみましょう。
月は太陽とともに，地球の環境に大きな影響を与えているんですよ。

月見団子とか，月ではウサギが餅をついているとか，確かになじみ深いです。

月の赤道半径は1737.4キロメートルで，地球の約4分の1の大きさです。質量は地球の約80分の1で，平均密度は3.34g/cm^3と地球よりも低いものの，内部構造は似ていると考えられています。

ウサギが餅をついてるといえば，月にはたくさんの**クレーター**がありますよね。クレーターは隕石が衝突した跡ということですが，月にもたくさんの隕石が当たったんですね。

月 Moon

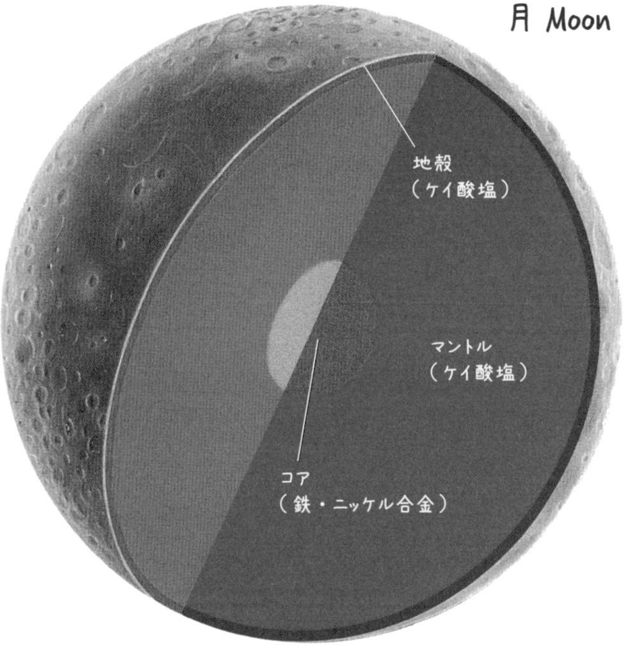

視半径	15'32".28（平均）
赤道半径	1737.4km
赤道重力	地球の0.17倍
体積	地球の0.0203倍
質量	地球の0.0123倍
密度	$3.34g/cm^3$
自転周期	27.3217日

（国立天文台編『理科年表2024』より）

そうですね。月にこれほどクレーターが多いのは，月には大気がないためだと考えられています。
たとえば地球は，飛来した隕石は地球の大気圏に突入すると，ほとんどが摩擦で燃え尽きてしまいます。しかし，月は大気がないので，多くの隕石が途中で燃え尽きずに地表に到達するんですね。

さらに，大気がなければ風雨もおこりません。したがって，地形がならされることがなく，クレーターが風化せずにそのまま残り続けるのです。

なるほど。風雨がないなんて，月って，すごく静かそうですね……。

月の南極にあたる位置には，直径が21キロメートルにもおよぶ，シャクルトンクレーターと名付けられたクレーターがあります。ここは緯度が高く，シャクルトンクレーターの外縁部にはほぼ1年を通して太陽光が当たります。反対に，外縁部の内側は，1年を通して太陽光が当たりません。この部分を，**永久影《えいきゅうかげ》**といいます。

永久影だなんて，めちゃくちゃ寒そうですね。

その通りで，1年を通して太陽光が当たらないので非常に低温です。以前から，月には水があるのではないかと考えられていて，その水は，この極寒の永久影に氷の状態で存在しているのではないかと考えられていたんです。

月に水が!?

はい。しかし，2007年にJAXAが打ち上げた探査機**かぐや**が撮影したデータからは，ここには水の存在は確認されなかったのです。

残念……。

しかし，永久影ではなくても，月に水がある可能性は指摘されており，現在進行している月面探査のミッションには，月の水を探すことも含まれています。

そうなんですね！

月も地球のまわりをまわっている

そういえば，**“月の裏側は見ることができない”**って何かで読んだことがあるんですけど，これはどういうことなんですか？

月の自転周期と公転周期は約27日とほぼ一致しています。ですから，地球に対しては，つねに同じ面を見せているんです。ちなみに，**月は太陽のまわりを蛇行してまわっている**，ということはご存じですか？

えっ？　地球じゃなくて，太陽のまわりをですか？

月は地球の衛星なので，地球のまわりをまわっています。しかし，地球も太陽のまわりをまわっているため，月は地球といっしょに太陽のまわりをまわっている，ということになります。

ああ，いわれてみればそうですよね。でも「蛇行」って……？

地球の公転周期と，月の公転周期をあわせて考えてみましょう。すると，月は下のイラストのように，地球の公転軌道上をくねくねと蛇行しながら，太陽のまわりをまわっていることになるのです。

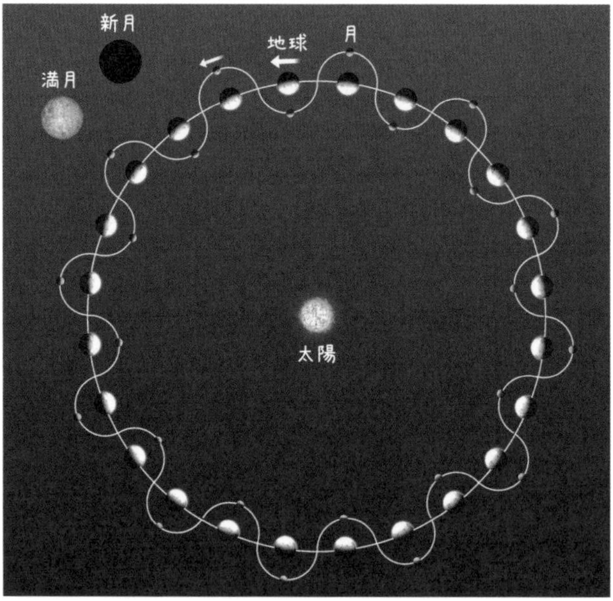

太陽※蛇行の様子は，わかりやすくするために，強調してえがいている。

右のページのイラストを見てください。これはより実際の動きに近づけたものです。これを見ると，月はほとんど蛇行はしていませんよね。このことからわかるように，月もほぼ太陽のまわりをまわる円軌道にいるのです。

本当だ！　月って地球に引っ張られている印象でしたけど，実際はそうではないんですね。

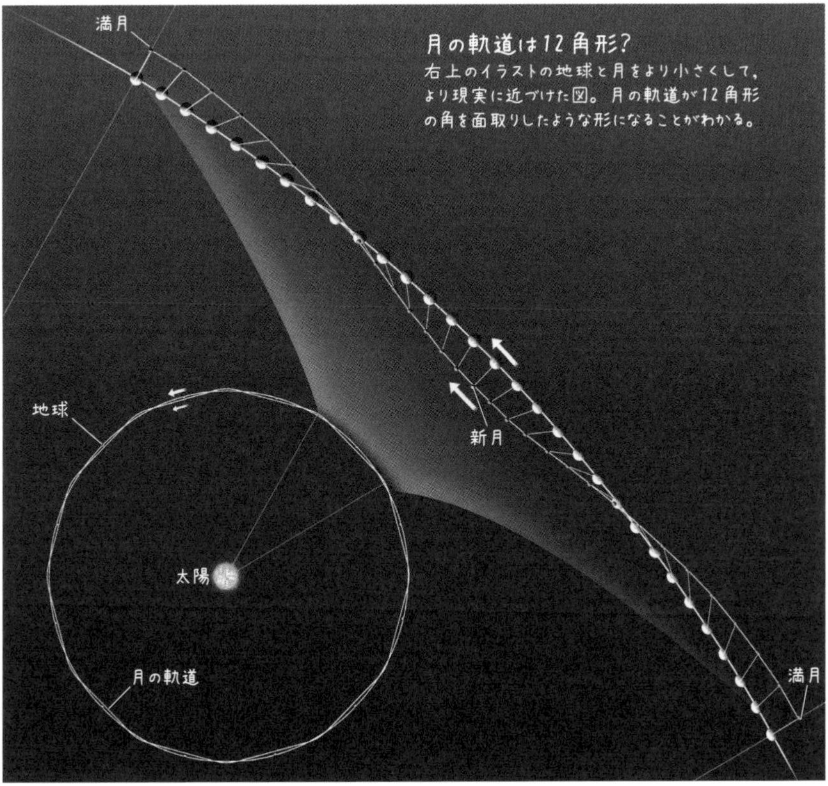

その通りです。**月は，地球だけでなく，太陽からも引力を受けているんですね。**ですから，月が地球に対して太陽と反対側にいるときは，地球と太陽からの引力が月に対して同じ方向にはたらくので，月の軌道は大きく曲げられるのです。
逆に月が太陽と地球のあいだにいるときは，太陽の引力と地球の引力が打ち消し合う方向にはたらくので，軌道はほとんど曲げられません。このように，**太陽からの引力を考慮に入れた月の軌道は，12角形か13角形の角を面取りしたような形になるのです。**

月は地球に巨大惑星が衝突したときの破片かも

月って，かなり大きな衛星ですが，どのようにして生まれたのでしょう？

地球の月がどのようにして誕生したのかは，諸説あります。たとえば，太陽系の最初の段階である原始惑星系円盤の中で，地球と同じ時期に月ができたとされる**兄弟説**があります。

金星とは「双子」でしたが，月は「兄弟」ですか。

あるいは，地球の誕生直後に原始地球の一部がちぎれてつくられたという**親子説**もあります。さらに，地球の近くを通過した小天体が，地球の重力によって捕えられて月となったという**他人説**もあります。

兄弟とか親子とか他人とか……，本当に“諸説”あるんですね。どれが真実なんだろう？

ただ，現在最も有力だとされているのが**ジャイアント・インパクト（巨大衝突）説**です。
これは，太陽の誕生からおよそ1億年後，惑星形成の最終段階にある地球に，火星ほどの大きさの原始惑星が衝突し，その破片が集まって月となったという説です。

火星ほどの惑星が衝突！　確かに巨大衝突ですね。でも，その説がなぜ有力なんですか？

地球のマントルと月の岩石の酸素同位体※の比率を調べてみると，一致するのです。酸素同位体の比率は，太陽からの距離によって変化することがわかっています。ですから，月と地球が別な場所でできたのなら，酸素同位体の比率は一致しないはずなんですね。このことから，地球から飛び散った破片で月ができたと考えるほうが自然ですし，地球の衛星としては異常に大きいことも説明できます。

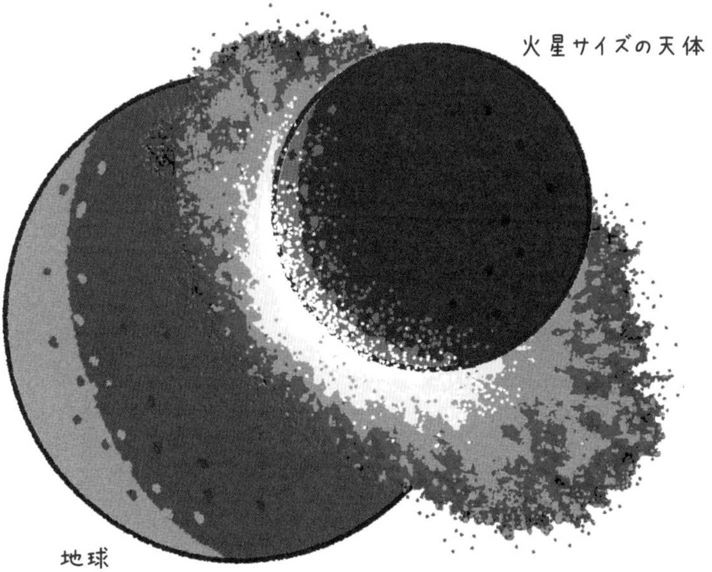

なるほど……。月は地球の“かけら”かもしれないんですね。

そうです。また，この説が正しければ，**「月は二つ存在していた」という説もあるんです。**というのも，地球ができるまで，原始惑星どうしの衝突は数回から10回程度はおきたと考えられるからです。

※同位体とは，同じ原子番号だが，中性子の数（質量数）がことなる原子のこと。酸素には，質量がことなる3種類の同位体が存在している。岩石中の酸素同位体比率を調べることで，その岩石ができた当時の水温などを推測することができる。

巨大衝突のたびに大量の破片が飛び散りますから，詳細な計算をすると，月が2～3回は形成されてもおかしくない確率になるのです。

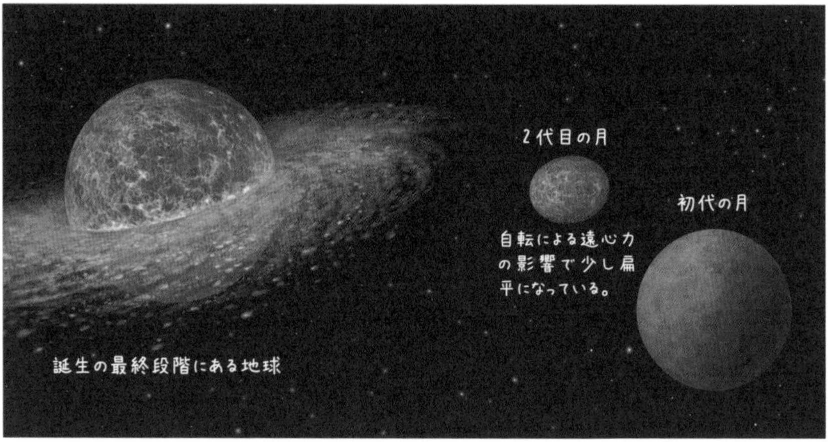

月が2～3回も！　でももしそうだとしたら，残りの月はどこに行っちゃったんでしょうか？

これには二つの可能性が考えられています。一つは，2代目の月が形成された際，巨大衝突の衝撃で地球の軌道が少しずれ，初代の月が地球周回軌道から放りだされたというものです。
もう一つは，初代の月と2代目の月の両方が存在する時代があり，やがて両者が合体して一つの月になったというものです。**今後の月探査が進むと，巨大衝突の実際の回数や複数の月が生じたかを判断できるデータが得られるかもしれません。**

今後の月探査が楽しみですね！

太陽がもたらす光と影「月の満ち欠け」

月の大きな特徴に，**月の満ち欠け**があります。季節や日時によって，さまざまな“顔”を見せてくれますよね。

「満月」とか「三日月」とか，「上弦の月」とか。いろいろありますね。

そうですよね。先ほどもお話ししたように，月は太陽からの反射で輝きます。この月の満ち欠けは，月・地球・太陽の位置関係によって，月面への太陽の光の当たり方が変化するためにおこります。

ふむふむ。

たとえば，太陽と地球のあいだに月がくるような位置関係になると，地球から見える月面には太陽の光がまったく当たらなくなり，地球から月が見えなくなります。これを**新月**といいます。
一方，月と太陽のちょうど中間に地球がくる位置関係のときは，地球からは太陽に照らされた月面すべてが見えることになります。これが**満月**です。
そして，新月と満月の中間の月を**上弦の月**といい，満月と新月のあいだの月を**下弦の月**といいます。

なるほど，そういう位置関係だったんですね。

新月→上弦→満月→下弦，そしてまた新月に戻るというサイクルをくりかえしているわけですね。このサイクルのことを**朔望月《さくぼうげつ》**といい，その周期は**約29.5日**となっています。

あれ？　月の自転周期って，27.3日でしたよね……？

朔望月の周期が月の自転周期より長いのは，地球の公転の影響があるからです。
365日を27.3日で割ると，約13.4ヶ月になりますが，地球は太陽のまわりをまわっていますから，同じにはならないんですね。そこから公転の1回分を差し引いた12.4ヶ月が，私たちの暦に近い，1年12か月になります。

そういうことですか。

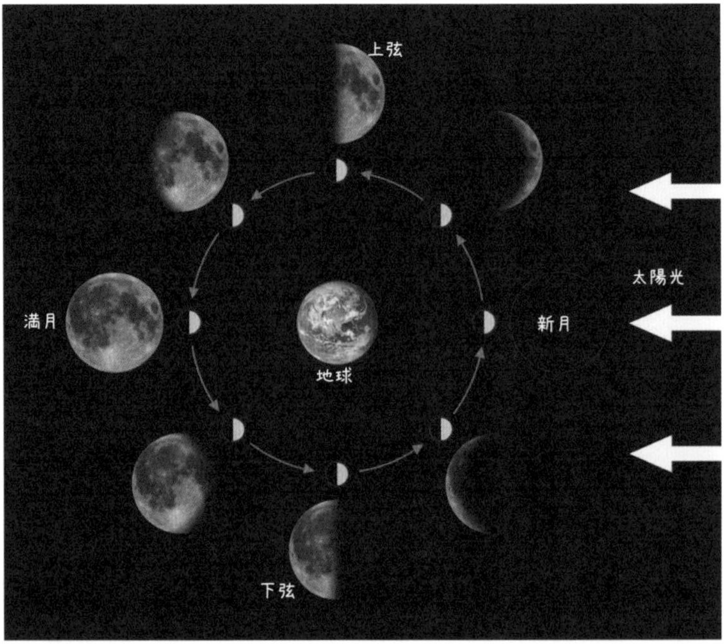

「潮の満ち引き」は，太陽・月・地球の綱引き

さて，ここまで月の外観について見てきましたが，見た目だけでなく，月は地球の環境にも大きな影響をあたえています。それは**潮の満ち引き**です。

干潮とか**満潮**とかですね。

そうです。たとえば，干潮のときは遠浅の海では波打ち際が後退し，逆に満潮のときは海面が高くなります。こうした潮の満ち引きを**潮汐**《ちょうせき》といいます。

満潮時を忘れて岩場に取り残された人がレスキューされたりしますよね。気をつけなきゃ。
ところで先生，潮汐って，なぜおきるんですか？

潮汐は，太陽や月の引力の影響によっておきます。地球と月を一直線に結んだ線上で，地球の中心から約4600キロメートルはなれた地点は，地球と月の**共通重心**にあたります。地球と月は，この共通重心を中心にして，おたがいに回転運動をしているのです。これを**地球と月の公転**といいます。

そして，この公転によって，地球には月と反対の方向に**遠心力**が生まれるのです。この遠心力は，共通重心からの距離の２乗に比例して増えます。

へええ～。遠心力がかかるんですね。

また，地球は月方向に対して，月からの**引力**を受けます。**地球の重心では，月からの引力と遠心力が釣り合いますが，重心より月側では月の引力の方が高くなり，月と反対側では遠心力の方が高くなります。そのため、お互いに反対側を向いた方向に力がはたらくことになります。**

この力が**起《き》潮力《ちょうりょく》**です。

起潮力によって，月に面した側とその反対側は満ち潮となり，海水がほかのところにくらべて多く集まります。

遠心力と引力の差が効くわけですか。

そうです。さて，さっきも説明しましたが，「満月」と「新月」のときは，太陽が月と地球と一直線に並ぶ位置になります。このとき，起潮力は太陽による潮汐力も加わって，干満の差が一番大きい**大潮《おおしお》**になります。

太陽の引力も関係してくるんですね。

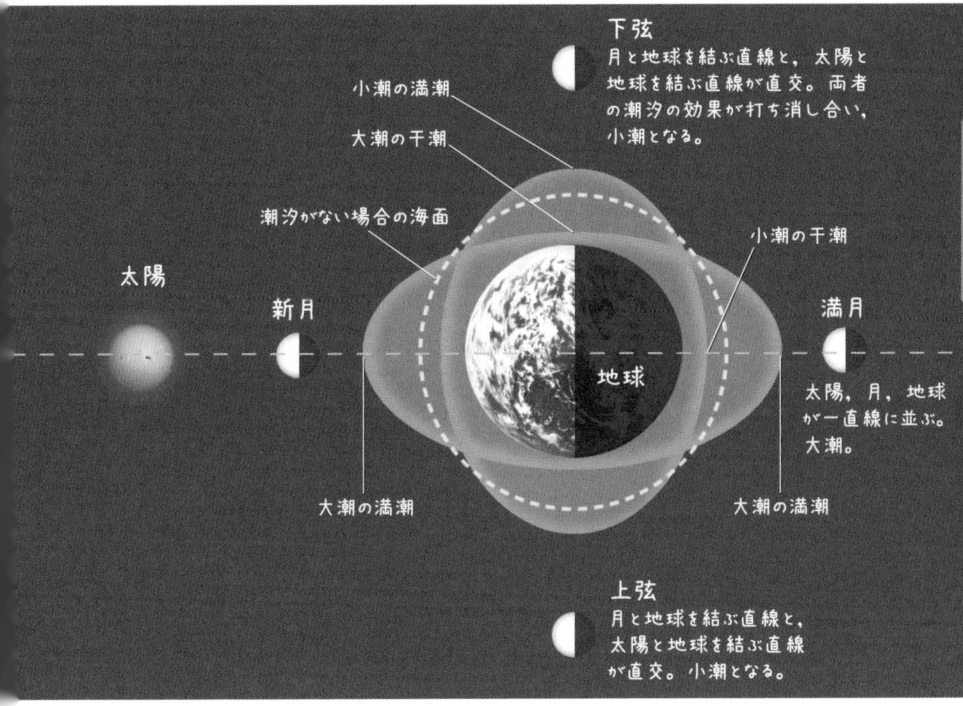

そうです。また，太陽が地球を中心に月と直角に位置する「上弦」と「下弦」のときには，月の影響で生まれる起潮力と太陽の影響から生まれる起潮力がおたがいに打ち消し合うように作用するので，干満の差が一番小さい小《こ》潮《しお》となります。
ちなみに，地球の自転によって，干潮と満潮は1か所で1日に2回おきます。

潮汐って，地球と月，太陽の引き合いみたいなことなんですね。

「月食・日食」は，太陽・月・地球の位置関係

先生，月の見え方で思いだしましたが，**月食**とか**日食**とかがありますよね。月が欠けたり，太陽が見えなくなったりして，ニュースでもよく話題になります。あれはどういう現象なんでしょうか？

「月食」は，太陽と月のあいだに地球が入り，月が地球の影にかくれて欠けてしまう現象です。
太陽，地球，月の順に一直線に並んだときにおきるので，満月の夜にしか見ることはできません。

なるほど。こういう位置関係なんですね。

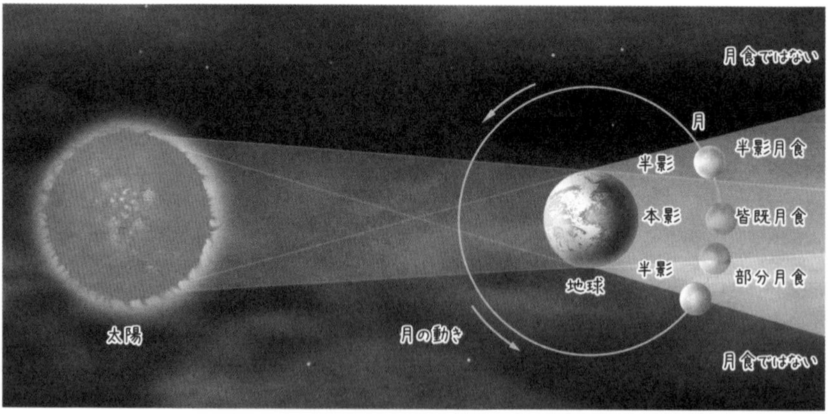

月の軌道は太陽の軌道に対して約5.1度傾いています。この影響で，月が全部かくれてしまう**皆既月食**がおきるのは1年で1〜2回程度です。一部分が欠ける**部分月食**を含めても，月食は1年間に2〜3回程度しかおきません。

月食では，月は左（東）側から欠けはじめて，次第に欠ける部分が大きくなっていきます。

月食

月食って，数年に1回とかそんなサイクルだと思っていました。日食はどうなんでしょう？

日食のほうも，しくみは月食と同じです。日食は，太陽，月，地球の順番で一直線に並んだとき，太陽と地球のあいだに入った月が太陽の光をさえぎって太陽をかくすためにおきます。太陽の一部分がかくれるときは**部分日食**といい，全部かくれてしまうのを**皆既日食**といいます。

光のリングみたいになるときもありますよね。写真で見たことがありますけど，ものすごくきれいだったなぁ。

それは**金環日食**ですね。太陽全体が月にかくれることは皆既日食と同じですが，金環日食の場合は，月の影のまわりに太陽がリング状に光るようになります。

普通の日食では，まわりから光が広がって見えるのに，金環日食ではどうして光がリング状になるんですか？

月が地球のまわりをまわる軌道は，正円ではなくゆがんでいます。そして，そのゆがんだ軌道のために，月が地球に近づくときがあります。その際に日食がおきると，月の見かけの大きさが大きくなって皆既日食になり，逆に遠いときは金環日食になるのです。

なるほど，月と地球とのあいだの距離が近いか遠いかで，皆既日食と金環日食のちがいが出るわけか。

日進月歩で進む，月面探査

最初に月探査機SLIMが話題になりましたね。ここで，月の探査の歴史について，少しご紹介しましょう。
月は，人類がはじめてその足で立った地球外の天体なんです。

月は近いですもんね。

宇宙開発の歴史は，人工衛星の打ち上げからはじまります。1957年に，ソ連(現在のロシア)による人類史上初の人工衛星**スプートニク1号**が打ち上げられました。続いて1961年4月12日には，ユーリ・ガガーリン宇宙飛行士を乗せた**ボストーク1号**が打ち上げられ，初の有人宇宙飛行が成功したんです。そこから月面探査がはじまり，ソ連の月探査機**ルナ9号**で，はじめて月面への軟着陸に成功しました。

ここまで，ソ連が中心となっていますね。

しかし1961年，アメリカが，月に有人着陸する**アポロ計画**を発表しました。そして1969年7月16日に**アポロ11号**を打ち上げ，月にたどり着きました。着陸船**イーグル号**に乗ったニール・アームストロング船長とバズ・オルドリン宇宙飛行士が，月面に歴史的な第一歩を踏みだしたのです。
アポロ計画はその後も続き，1972年までに計6回，12名の宇宙飛行士を月に送り届けて終了しました。

12人も月に行っているんですね！

そして2017年，NASAが主導し，約半世紀ぶりに人類が月へ降り立つ**アルテミス計画**が立ち上がりました。
アルテミス計画は，短時間の着陸ではなく，月に拠点を設置し，長期滞在して，研究や資源開発，有人火星探査までも視野に入れた大きなプロジェクトなんです。

すごい！

また，アメリカ単独のアポロ計画とことなり，アルテミス計画はNASAをはじめ，**ESA**（ヨーロッパ宇宙機関），**CSA**（カナダ宇宙庁），**JAXA**（宇宙航空研究開発機構），**ASA**（オーストラリア宇宙庁）など，世界各国が協力します。さらに，**スペースX社**をはじめ，機器や装備の開発には民間企業も参加します。
日本は「こうのとり（HTV）」の後継機で，ゲートウェイに物資を運ぶ新型補給機**HTV-X**を開発するほか，機器の提供や探査車の開発などで協力予定なんですよ。

日本の技術も活躍する予定なんですね！

計画の第一弾となる無人のテスト飛行はすでに成功しており，2025年には計画第二弾となる有人の月周回飛行，2025年以降には男女2名の宇宙飛行士の月面着陸，そして2040年までに火星の有人探査計画が発表されていて，日本人宇宙飛行士も2名行くことが決まっています。

日本人宇宙飛行士の活躍も楽しみですね！

このほかにも，**ISRO**（インド宇宙研究機関）の月探査機**チャンドラヤーン1号**（2008年に打ち上げ）や，2019年にはじめて月の裏側に着陸した中国の**SASTIND**（国家国防科技工業局）による探査機**嫦娥4号**などがあります。

世界中が続々と月に向かっている感じですね。

日本では，2007年9月14日に月周回衛星**かぐや**が打ち上げられました。かぐやは，主衛星と2機の子衛星，**おきな**（リレー衛星）と**おうな**（VRAD衛星）で構成されていて，「おきな」は2009年2月12日に月の裏側に落下し，裏側の重力場観測ミッションを終了しました。「かぐや」も，さまざまな観測をおこない，2009年6月11日に月の表側に制御落下して，ミッションを終了しています。

かぐやの永久影の撮影画像から，表面には水氷が露出していないことがわかったんですよね。

そうですね。「かぐや」が世界で初めて得た月の裏側の重力データは，その後の世界の月探査の軌道設計に大いに役立って重宝されています。また，**USGS**（アメリカ地質調査所）は，NASAやJAXAなどが収集してきた地形データを統合し，2020年に月面の地質図も発表しています。縮尺は500万分の1で，色で地形や地質などの情報も示されています。
この統合で，それまで地図によってまちまちだった名称や地質の分類などが統一されることになりました。

すでに月面の正確な地図も完成しているんですね！

月探査機SLIMが日本初の月面着陸に成功！

先生，宇宙探査って，本当に日進月歩で進んでいるんですね。そんな中，冒頭の**SLIM**が，これまでになかった，月面へのピンポイント着陸に成功したわけですか。

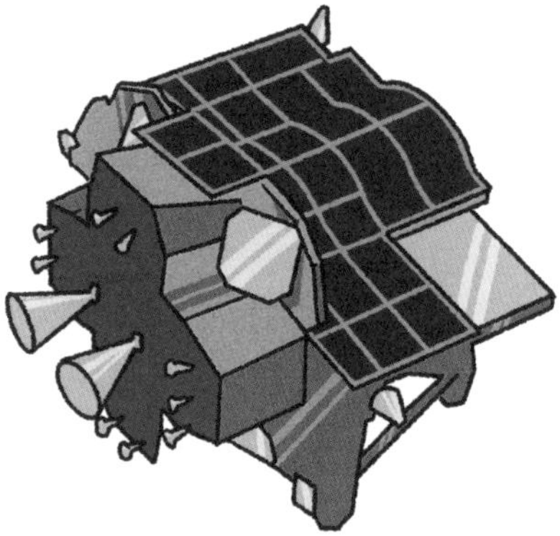

その通りです。SLIMは，Smart Lander for Investigating Moon（月面探査のための賢い探査機）の頭文字です。
2023年9月にH-IIA ロケット47号機で打ち上げられ，2024年1月20日午前0時20分に，月面軟着陸に成功しました。
ちなみに軟着陸とは，着陸の際に速度をゆるめ，衝撃を避けて静かに着陸することです。

すごい技術ですね……。

小型機が月面軟着陸に成功したのは日本ではじめてのことで，世界では旧ソ連，アメリカ，中国，インドに次いで5か国目でした。

しかし，SLIMの何よりも大きなミッションは，**世界初のピンポイント着陸**でした。これは，目標とする着陸地点に誤差約100メートルの精度で着陸をめざすという，野心的なものでした。ピンポイント着陸は，将来の基地建設などに絶対必要な技術ですが，世界のどこも実現できていませんでした。

今までは，目標地点には着陸できなかったのですか？

はい。従来の月探査では，着陸の際に目標地点から数キロ～十数キロメートルの誤差が生じていたのです。
SLIMが着地したのは，目標地点から55メートルはなれた場所でした。SLIMは，着陸直前にメインエンジンを1基失っていて，この影響で目標地点よりも東側に流されていたものの，**誤差100メートル以下の精度という，世界初となるピンポイント着陸をみごとに達成したのです。**

本当にピンポイントですね！

これは，**画像照合航法**という技術の精度が非常に高いことの実証にもなりました。
SLIMは月の地図データを搭載していて，その地図と，カメラで撮影した実際の月面の画像を照合することで軌道を修正します。このしくみが，画像照合航法です。

地図のアプリを使って目的地に行くみたいですね。

そうですね。この画像照合航法によって，月面上空50メートル付近では，目標地点から水平方向に3〜4メートルしかはなれていなかったといいます。**エンジントラブルがなければ，誤差10メートル以下で着陸に成功していた可能性があるといわれています。**

とんでもない技術ですね。先生，ところでピンポイント着陸は，なぜ重要なのですか？

先ほどお話ししたように，月には水がある可能性が指摘されています。もし月に水があれば，月に拠点を設置する場合，地球から大量の水を運ばなくても済みます。
また，水があるということは酸素と水素があるということです。これらを採取することができたら，新しいエネルギー源として運用することができるかもしれません。
ですから，もし水の氷が存在するなどの重要な観測地点を発見した場合，観測目標のすぐ近くにピンポイントで着陸することができれば，探査の効率は格段にアップするでしょう。

確かに，目標に近いほど効率がよいですもんね！

また，月や惑星の表面を何キロメートルも移動することは非常に困難をともなうのです。**NASAの最新の探査車でも火星を10キロメートル移動するのに10年ほどかかっています。**

えっ，10キロメートルの移動に，10年!?

はい。月や惑星の表面で探査車がスタックしてしまうと，そこでミッション失敗となってしまうので，非常にゆっくり慎重に運転するのです。
そのため，1キロメートルに1年ほども走行時間をかけることもあるのです。

知りませんでした。衝撃です……。ピンポイント着陸というのは，本当に必要不可欠な技術なんですね。SLIMが達成したミッションって，惑星探査歴史を塗り替えるくらいの快挙ではないですか！

その通りです。
着陸後，SLIMは太陽光発電によって運用を開始しましたが，2月1日から太陽光が当たらない夜に入り，休眠状態に入りました。そして，2月26日にふたたび月の昼間となりました。SLIMは厳しい月の越夜に成功し，ふたたび運用を開始しているということです。

月に関するどんな発見がもたらされるのか，本当に楽しみですね。

STEP 5

地球によく似ている惑星，火星

近年の探査によって，火星には多くの水が存在し，かつては生命を育んでいた可能性が指摘されています。火星移住は可能なのでしょうか？

火星の環境は地球に似ている

火星は地球のすぐ外側を公転する惑星です。その半径は約3396キロメートルで，地球のほぼ半分です。太陽からの平均距離は約1.52auとなっています。そして火星は，地球に非常によく似た惑星といわれているんです。

最近，人類火星移住計画なんていう話題をよく聞きます。火星って，そんなに地球に似ているんですか？

そうですね。火星の地殻は，地球と同じように，ケイ酸塩が主成分の岩石でできています。また，**フォボス**と**ダイモス**という，いびつな形をした二つの衛星があります。
それから，自転周期は約25時間で，地球と同じように自転軸が傾いているため，四季の変化もあるんです。

確かに，似ていますねえ。やっぱり，移住候補ナンバーワンは火星ですかね。

火星 Mars

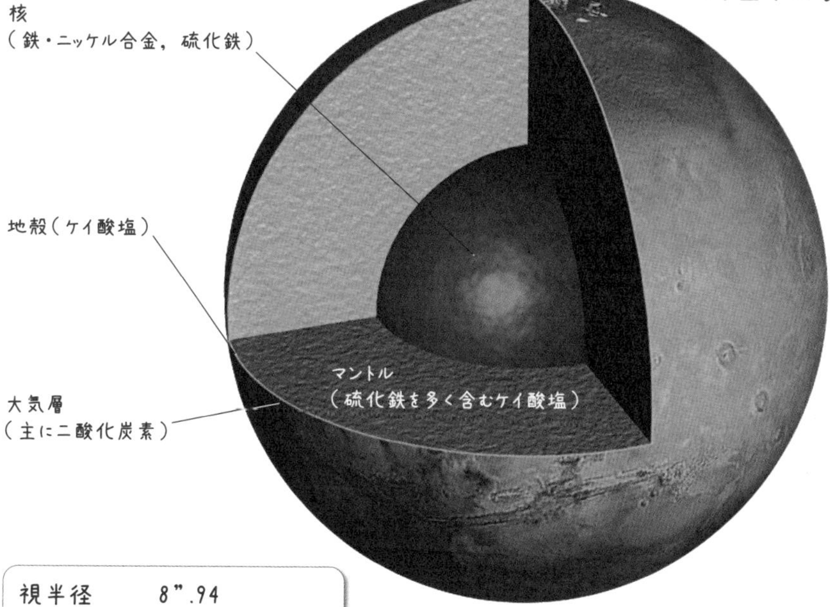

視半径	8".94
赤道半径	3396.2km
赤道重力	地球の 0.38 倍
体積	地球の 0.151 倍
質量	地球の 0.1074 倍
密度	3.93g/cm³
自転周期	1.0260 日
衛星数	2 個

（国立天文台編『理科年表 2024』より）

フォボス

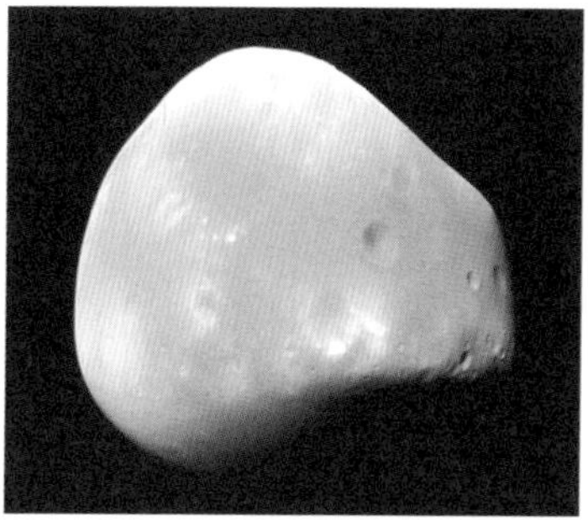
ダイモス

ただし，火星の夏は，火星全体をおおってしまうような大規模な砂嵐が発生するなど，地球よりも変化がはげしいんです。

星全体をおおう砂嵐！　それは住むには厳しいですね。

また，火星の表面は二酸化炭素が主成分の大気でおおわれています。しかし大気は非常に薄く，平均気圧は地球の約150分の1しかありません。

大気が薄いうえに二酸化炭素が主成分ですか……。人間は生きていけそうもないですねえ。

そうですね。金星でお話ししたように，大気の濃度は惑星の保温効果に大きな影響をあたえます。大気が薄いと保温効果が小さく，太陽エネルギーの増減がすぐに気温に影響してしまうため，夏の日中は気温が**20℃**に達しますが，冬の夜には**マイナス140℃**の極寒となるなど，寒暖差がはげしくなります。
また，平均気温は赤道付近で**マイナス50℃**です。

うーん。地球に似ているところが多いけれど，かなり極端な環境ですね。

火星の地形もまたすごいんです。NASAの探査機マーズ・グローバル・サーベイヤーには**レーザー高度計**という装置が搭載されています。火星表面にレーザーを発射し，表面に反射してもどってくるまでの時間から，その地点の高度を計測する装置です。その装置をつかって得られたデータから，火星の地形高度の地図がつくられたんです。

火星には，高度地図まであるんですか。

そうなんですよ。その地図によると，火星には巨大な火山がいくつかあることがわかりました。
中でも最大のものは**オリンポス山**で，麓と頂上の高低差が21キロメートル，すそ野の直径は600キロメートルもあるんです。ちょうど北海道がすっぽりと入ってしまうほどの大きさですね。

北海道がすっぽりと入る!?

大きいでしょう。
また，頂上のカルデラ（噴火でできた凹地）は，最大のものは直径数十キロメートルにおよびます。**この規模の火山は，火星で最大なだけでなく，太陽系全体を見渡しても最大の火山です。**

とんでもない規模の噴火があったということですね。

また，火星の赤道付近には**マリネリス峡谷**とよばれる巨大な峡谷があります。長さは日本列島よりも長い4000キロメートル，幅は100キロメートルで，深さは約7キロメートルにもなります。

日本列島よりも大きい谷！
火星って，なかなかダイナミックな惑星なんですね……。

NASAの探査機「バイキング」が撮影した約1000枚のデータから作成した火星の画像。中央下にのびている亀裂はマリネリス峡谷，上の白い部分は極冠。

火星ってなぜ地球より小さいの？

火星にはまた，興味深い点があるんです。岩石型惑星を太陽系の内側から順番に並べてみると，太陽から遠ざかるほど大きくなっているのがわかります。
しかし，なぜか火星だけ急に小さくなっているんです。

火星だけ小さい？　大きさは偶然なんじゃないですか？

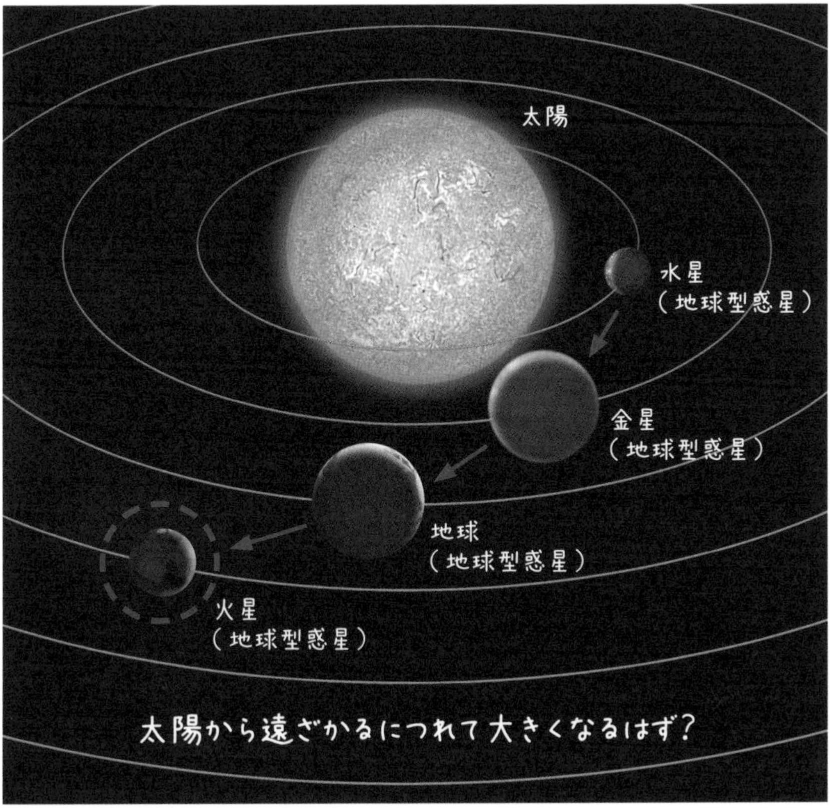

太陽系の形成理論によると，原始惑星系円盤の外側に行くほど微惑星が集まりやすく，量が多くなるため，原始惑星も大きくなります。惑星は原始惑星どうしが巨大衝突をおこして成長したと考えられているので，原始惑星が大きければ，結果的にできあがる惑星も大きくなる傾向があるんです。

なるほど，ということは，外側の惑星ほど大きいはずなんですね。じゃあ，火星が地球より小さいのは，確かに不思議ですね。なぜなんだろう？

原因として，火星軌道付近ではもともと惑星の材料となる「ちり」が少なかったとする説や，木星など，ほかの惑星の重力の影響で，火星の軌道付近のちりや微惑星の軌道が大きく乱され，原始惑星が十分に成長できなかったとする説があります。

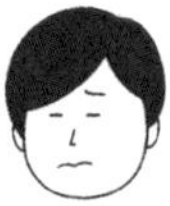

ほかの惑星の影響ってことですか。確かに，木星はものすごく大きいからなあ。

一方で，木星の重力の影響を考慮に入れずにコンピューターシミュレーションをすると，火星軌道付近には現在の火星とよく似た大きさの原始惑星ができるといわれています。このことから，**火星は，金星や地球のような原始惑星どうしの巨大衝突を経験しておらず，原始惑星のまま生き残った天体である可能性が考えられるのです。**火星が小さい理由はまだ不明ですが，こうした微妙なちがいが，惑星直径など大きなちがいにつながることもめずらしくないのです。

火星には液体の水が存在していた！

火星は，水が存在する証拠が続々と発見されている惑星でもあります。
1976年に火星周回軌道に投入されたNASA（米国航空宇宙局）の探査機バイキングの調査データから，**火星の南極には，数百平方キロメートルにわたって，水の氷が存在していることがわかりました。また，この氷は厚さが1.5キロメートルもある氷床（水の氷とちりの層）です。**その後のESA（欧州宇宙機関）の探査機マーズエクスプレス（2003年に火星周回軌道投入）の調査データから，この下には，液体の水を主成分とする湖があるのではないかと報告されています。

本当に，火星には水があるんですね！

その後，マーズエクスプレスは北極域も詳細に撮影しました。その結果，北極冠のすぐ南にあるコロリョフクレーター（直径82キロメートル）の内部には厚さ1800メートルもの水の氷が存在していて，夏でも溶けないことがわかりました。

すごい！

また，2012年には，NASAの火星探査車キュリオシティが取得したデータから，かつて火星表面に液体の水が流れていた証拠が発見されています。

本当に，火星には水がある証拠が続々とあがっていますね。

そうですね。2006年には，NASAの探査機**マーズ・グローバル・サーベイヤー**が，現在の火星の表面に，現在も水が流れていることを示す痕跡を発見しています。さらに，2008年には，探査機**フェニックス**が採取した火星の土壌中に，水が氷として存在することを確認しています。

水があるということは先生，生命がいるということにもなりませんか。

ええ，その可能性は否定できません。
これまでの調査から，かつての火星には湖があり，その底に熱水が噴出する場所があったと考える研究者も多くいます。そうした場所で微生物が誕生していた可能性があります。

地球の深海でも，そうした熱水が噴出する場所でたくさんの生命体が生活しているって聞いたことがあります。
だけど先生，現在の火星の表面には，湖や海は見えませんよね。火星の水はどこに行ってしまったんでしょう？

金星のように，水蒸気の状態の水分子が紫外線によって分解され，宇宙空間へ飛んでいってしまったとする説があります。
ただし，火星の水はすべて宇宙空間へと逃げていったわけではなく，多くは火星の地下にしみこんで，現在も氷の状態で地下深くに閉じこめられている可能性があるんですね。

なるほど。だから，火星の土壌中から，水が氷として存在する証拠が見つかったわけですか。
何だか，火星移住ってゼロじゃない気がしてきました。

今，火星に探査先が続々と送りこまれている！

火星の探査って，かなり進んでいるような感じですね。

そうですね。火星は地球に近く，比較的観測しやすい惑星です。また，以前から火星には生命体が存在するのではないかという期待が大きく，多くの人の関心を集めてきたのです。
そのため，火星を周回する探査機をはじめ，表面を探査する着陸機，火星表面を自動で走行するローバー（火星探査車）など，いくつもの探査機が送りこまれています。それらの観測によって，氷の存在や地表の姿などが次々と明らかになってきたのです。

水以外の新たな発見もあるんですか？

そうですね。NASAの探査機**マーズ・リコネサンス・オービター**は，火星の**マウス峡谷**という峡谷の近くにある，大きなクレーター内部を撮影しました。
そこには，逆V字形のかたまりの砂丘がいくつも確認されています。このタイプの砂丘は，一定方向に風が吹くと形成され，地球上でも見ることができるものです。

へええ……。

また，NASAの火星探査機**メイブン**は，火星の上空3万6500キロメートルから，三つの波長の紫外線によって火星の大気や表面の様子を観測しています。

私たちがあまり知らないだけで，火星探査ってひんぱんにおこなわれていたんですねえ。

そうですね。それに，新たな探査機も続々と火星に到着しているんですよ。
2020年には新たに3機の探査機が火星に旅立っています。

3機も同時にですか？

はい。火星は2年2か月ごとに地球に接近するんです。そのため，探査機はそのタイミングに合わせて打ち上げられるんです。

なるほど〜！　遠くにいるときよりも，火星のほうから近づいてくれたほうが送りやすいですもんね！

その通りです。この3機は，NASAによる大型の探査ローバー**パーサヴィアランス**と小型のヘリコプター**インジェニュイティ**を搭載した**マーズ2020**，CNSA（中国国家航天局）の探査機**天問1号**，日本のロケットで打ち上げたMBRSC（ドバイ政府宇宙機関）による**ホープ**です。いずれも2021年に火星に到着して，すでにミッションを開始しています。

今後の注目は，火星で採取したサンプルを地球に持ち帰る**サンプルリターン**です。
パーサヴィアランスは，ドリルをつかって，円筒状の岩石サンプルをくり抜いて保管する機能をもっています。このサンプルは，NASAとESAが共同で，2031年以降に地球にもち帰る計画になっているのです。

サンプルを保管するなんて，すごい技術ですね！

そうですね。サンプルの回収に成功し，詳細に調べることができれば，火星に生命体はいるのかどうか，ひいては将来的に人類が居住することは可能なのかなどもわかるかもしれません。

すごい！　人類の火星移住計画がより現実味を帯びている感じがします。
北海道ぐらいの大きさの火山とか，日本列島より大きい峡谷とか，見てみたいなあ。

日本でも新たな火星探査計画が進行中です。火星自体ではありませんが，世界で初となる，火星の衛星フォボスのサンプルをもち帰る**火星衛星探査計画（MMX）**が進められており，2029年の打ち上げが予定されています。**フォボスのサンプルには，火星本体の破片が混入している可能性があるので，火星の調査という観点でも世界の注目を浴びています。**

あと5年後ですか……。本当に，宇宙探査は日進月歩で進んでいるんですね。

4

時間目

ガスの惑星　木星・土星
氷の惑星　天王星・海王星

STEP 1

太陽系で最大の惑星，木星

木星は，太陽系最大のガス惑星です。このため，地球や火星のような固い地表はなく，数多くの衛星を持った特異な顔を持っています。

木星の謎は太陽系生成の謎でもある!?

さあ，太陽系の惑星を探査する私たちの旅も，ついに火星のさらに外側に向かいます。ここからは，**ガス惑星**となります。まずは太陽系最大の巨大ガス惑星である，**木星**を見てみましょう。

いよいよガス惑星ですか。火星から向こうは謎って感じです。

木星は太陽系最大の大きさと重さをもつ惑星で，半径は地球の約11倍，質量も地球の約318倍もあります。密度は1立方メートルあたり約1330キログラムと，地球よりも太陽に近い値です。中心には核があり，核だけで地球の10倍ほどの質量をもつと考えられています。
木星の主な成分は**ヘリウム**と**水素**で，これも太陽と同じです。

ガス惑星ということは，木星に降り立とうと思っても，地面がないわけですか。

木星 Jupiter

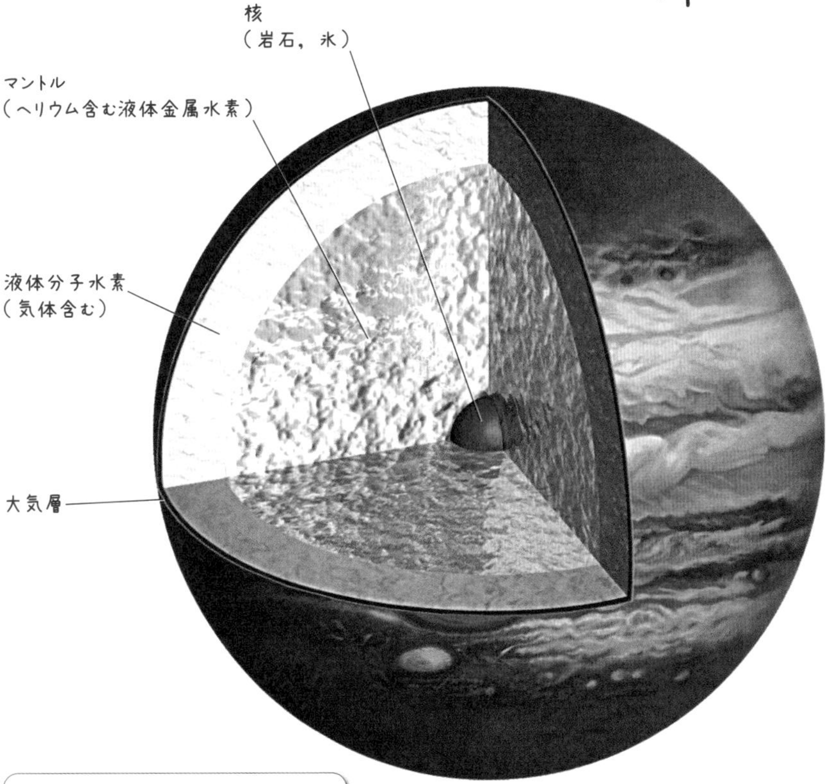

視半径	23”.46
赤道半径	7万1492km
赤道重力	地球の2.37倍
体積	地球の1321倍
質量	地球の317.83倍
密度	1.33g/cm^3
自転周期	0.4135日
衛星数	95個

（国立天文台編『理科年表2024』より）

そうですね。
構造としては，まず**中心には，岩石と氷の微惑星によって形成された核があると考えられています。**
木星は質量が大きいぶん，重力も強大で，中心部は非常に高圧であると考えられます。ガスは，強い圧がかかると液体に変化する性質があります。そのため，最も高圧な核のまわりは，液体金属に変化した水素（ヘリウムを含む液体金属水素）のぶ厚い層があり，その外側は，液体に変化した水素（気体を含む液体分子水素）の層がおおう構造になっていると考えられます。そして，さらにその外側を水素とヘリウムのガスの層（大気層）がおおっています。

核の外側は3層になっているんですね。めちゃくちゃぶ厚いガスや液体の層の中心に，ぽつんと小さい種みたいな核がある感じですね。その種が，地球よりも大きいわけですか……。

そうですね。ただし，実は木星の核は非常に小さいか，あるいはひょっとすると核はまったく存在しない可能性も指摘されています。

ええっ!?

内部構造を推測するためには，探査機で，惑星の周囲の重力の強さを場所ごとに精密に測定する必要があります。そして，全体の密度と重力の強さの分布をうまく説明できるようなモデルをつくり，これを内部構造としているのです。

しかし，木星自体がとても大きいため，推定の誤差も大きくなります。つまり，地球の数倍という核の推定質量そのものが，誤差の範囲に含まれていて，場合によっては，木星には核が存在しない可能性もあるわけです※。

もし木星に核がない場合，木星はどうやってできたんでしょう……。

核は，木星が原始惑星系円盤からガスを取りこんで成長するために不可欠だったはずです。しかし一方で，核を必要とせず，原始惑星系円盤の一部が自分自身のガスの重さで収縮し，一気に木星へ成長したという説など，いろいろな説があります。
木星の“本体”はぶ厚いガスにおおわれているため，直接調査することが困難で，その生成については，まだ結論は出ていません。

木星は謎に包まれているんですね。

そうなんです。そして，**この木星の生成の謎は，実は太陽系誕生の謎に関係していると考えられています。**なぜなら，木星は太陽系の惑星の大部分（7割強）をも占めるので，太陽系の起源を考えることと木星の起源を考えることはほぼ同じことになるからです。

木星って太陽系の謎を探る上で，重要な惑星なんですね！

その通りです。現在，2011年にNASAが打ち上げた木星探査機**ジュノー**が運用中です。

※：木星の核の大きさの推定値に誤差が大きいのは，木星内部の大部分を占めると予測される水素について，高温，高圧の状態になった場合の密度の正確な値がわからないことも大きな原因である。強力なレーザーで水素を圧縮して木星内部の環境を再現し，正確な値を測定する実験の計画もある。

ジュノーは2016年に木星軌道への投入に成功し，現在も運用が続いています。この調査結果から，木星の生成の秘密にせまる新たな情報が見つかるかもしれません。

楽しみですね！

さらに，現在ESA（ヨーロッパ宇宙機関）主導により，欧州各国，日本，アメリカ，イスラエルが共同で進める**大型木星氷衛星探査計画**が進行中です。
この計画のもと，2023年に探査機**JUICE**が打ち上げられており，2031年に木星の軌道へ投入予定になっています。JUICEはさらに，2034年には木星の衛星への周回軌道へも投入される予定です。

木星の探査も進んでいるんですね！

木星の模様は，ガス！

木星って，赤と白の縞模様がありますけど，ガス惑星ということは，あれは地表の模様ではないわけですよね。

そうです。木星の上空は**アンモニア**や**硫化アンモニウム**の雲がおおっています。この雲が，太陽光を強く反射する部分を**帯**，反射の弱い部分を**縞**といいます。雲は，木星上空を吹く強風に乗っているため，東風と西風のすれちがうところに，大小さまざまな渦ができます。これが，木星の特徴でもある，縞模様や渦巻き模様をつくりだしているんです。

あの模様は，**雲**なんですね。

その通りです。その中で最も目立つ，木星のトレードマークともいえる**大赤斑**《だいせきはん》はよく知られています。

あの赤い目玉みたいな模様ですね！　雲がつくりだしているということは，あの大きな目玉は“台風の目”のようなものですか。

そうですね。正しくは，**大赤斑の正体は，高気圧性の渦なんです。**19世紀からその存在が知られていましたが，なぜこのような赤色をしているのかは未だにわかっていません。
ちなみに，大赤斑の大きさは，地球の直径のおよそ**2倍**もあるんですよ。
また，大赤斑のほかにも，木星の南半球には白斑が複数存在しており，白斑どうしが合体することもあります。

そんな大きな渦ができるなんて，木星の上空は暴風が吹き荒れているんでしょうか。

そうなんです。**木星は，約10時間という短い時間で自転しています。このため，その影響で強い気流（ジェット気流）が発生し，雲が大小さまざまな渦をつくるのです。ジェット気流の風速は緯度によってことなるため，時間とともに渦どうしの接近や追いこしがおきているんです。**

木星の模様は，つねに変化しつづけているんですね。

また，木星には，地球の**10倍**という非常に強い磁場が存在し，その磁気圏は地球磁気圏の100倍以上の広がりをもっています。そのため，木星にもオーロラが発生します。
ただし，そのオーロラは地球とはくらべものにならないスケールで，**地球数個分の規模**にもなります。

ひえ〜！
とんでもない規模ですね！

オーロラは，太陽から飛んでくる電気を帯びた粒子（荷電粒子）が，惑星の大気中の分子や原子と衝突して光る現象です。
木星のオーロラも地球と同じ原理で発生しますが，木星のオーロラは，近くの衛星から飛んでくる荷電粒子が大気と衝突することで生じていることがわかっています。

木星には3本のリングがある

もう一つ，木星の隠れた特徴に**リング**があります。リングといえば土星が浮かぶかと思いますが，実は木星にもリングがあるんですよ。
木星のリングは，1979年に，NASAの探査機**ボイジャー1号**の観測によって発見されました。
木星のリングは3本あり，内側から**ハロー・リング**，**メイン・リング**，**ゴッサマー・リング**とよばれています。

木星のリングは，図鑑でも土星みたいにはっきりえがかれないし，ぜんぜん見えませんけど……？

土星のリングは氷のかたまりからできているのですが，木星のリングは，いずれも小さな**ちり粒子**でできているんです。

へえぇ……。だから土星のリングみたいにはっきりと見えないわけですか。

ちり粒子は，リング付近を公転する小さな衛星たちから供給されています。小惑星や彗星のかけらのような小さな物体が，それらの衛星に衝突すると，ちり粒子が巻き上げられます。しかし，小さな衛星は重力が小さいので，巻き上がったちり粒子を引きとめておくことができません。その飛び散ったちり粒子が，木星のリングを構成する素になっているのです。
また，探査機**ガリレオ**の観測によって，ゴッサマー・リングが実は2本のリングから構成されていることがわかりました。つまり，1本のリングの中に，もう1本のリングが収まっていたのです。

木星は大量の衛星をしたがえている

木星は非常に多くの衛星をしたがえていることも大きな特徴です。国立天文台のデータによると，現在報告されている衛星の数は**95個**で，そのうち確定番号が付けられている衛星は72個，その中の57個には正式に名前がつけられています。

そんなにたくさんあるんですか！

そうなんですよ。その中で代表的なものが**イオ**，**エウロパ**，**ガニメデ**，**カリスト**の四つです。
この四つの衛星は，1610年にガリレオが望遠鏡で発見したもので，まとめて**ガリレオ衛星**とよばれています。

ガリレオの名前が星につけられているなんて，感動してしまいます。木星の衛星の中で，ガリレオ衛星はほかの衛星よりもかなり大きいですね。

そうですね。また，木星はぶ厚いガスにおおわれているため，直接の観測がむずかしいとお話ししました。しかし，木星を取り巻く衛星は岩石でできており，木星が形成された当時の物質が残っている可能性があります。
そのため，木星の衛星を調べれば，木星の生成，ひいては太陽系や地球の生成の謎にせまることができるかもしれません。

だから探査機JUICEも，衛星をめざしているわけですね。

その通りです。ざっとガリレオ衛星を見ていきましょう。ガリレオ衛星の中でも，最も木星に近い軌道を周回しているのが，**イオ**です。イオの直径は月とほぼ同じ約3600キロメートルで，木星までの平均距離は約42万キロメートル，約1.77日で木星を1周します。
また，イオは太陽系の中で最も火山活動がさかんな天体としても知られています。イオの火山活動は，木星とほかの三つの衛星の潮汐力によって，内部に熱エネルギーが生じているためにおきていると考えられています。
イオの火山の噴出は地球からも観測できるんですよ。

そうなんですか？

はい。イオの火山の噴出物は，大部分が玄武岩に近い岩石です。次に多いのが**硫黄**で，その中に**ナトリウム**や**カリウム**が含まれています。ナトリウムやカリウムはガス化した後は光で観測しやすいため，地球からも望遠鏡で観測することができるのです。
実際，イオの表面は玄武岩の融点に近い溶岩が多く，イオの黄，赤，黒の鮮やかな色調は硫黄がつくりだしているのです。なお，イオの火山活動は，地球より激しいことが知られています。

そうなんですね！

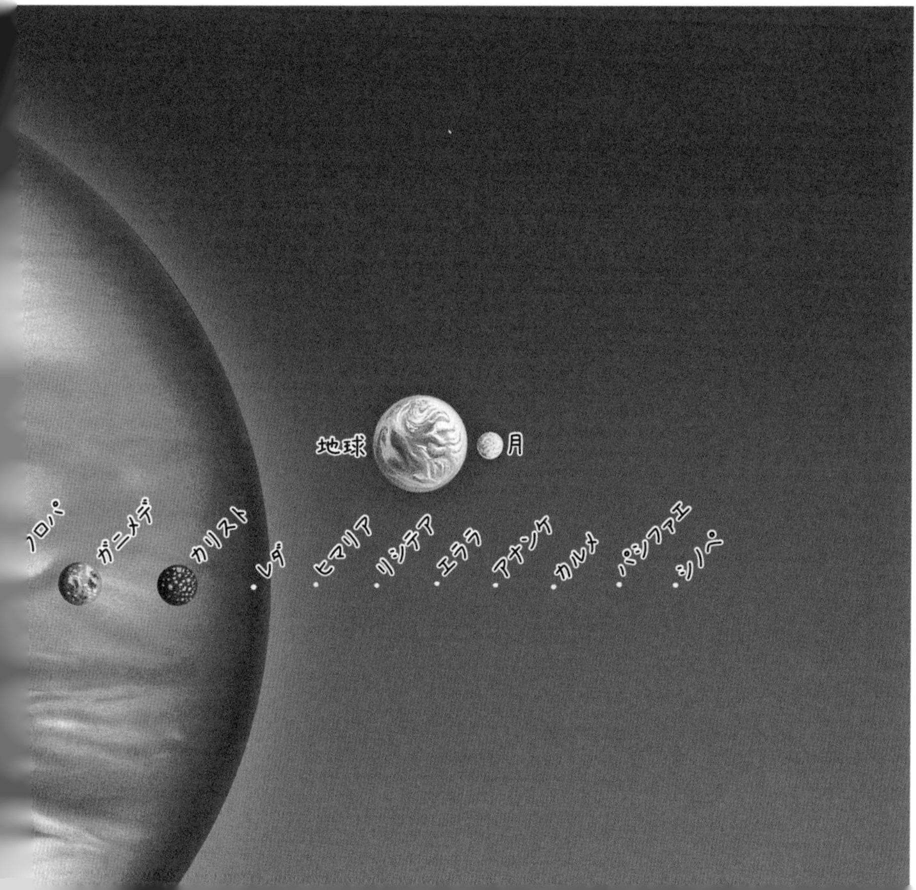

衛星**ガニメデ**は，ガリレオ衛星だけでなく，木星の衛星の中で最も大きい衛星です。木星の内側から三つ目の軌道を公転しています。岩石のまじった氷でおおわれており，火山はありません。
半径は約2631キロメートルあり，木星の衛星の中で最大であるだけでなく，太陽系全体でも衛星としては最大の天体です。水星よりも大きいんですよ。

それは大きいですね！

探査機JUICEが最終的に投入されるのが，このガニメデです。**ガニメデには地球と似た磁場があると考えられています。また地下には海がある可能性も指摘されているんです。**

海ですか！　何だか地球に似ているんですね。

衛星**カリスト**は，ガリレオ衛星の中で最も外側を公転しています。半径は約2410キロメートルで，木星の衛星の中ではガニメデに次いで大きく，太陽系では3番目の大きさを誇ります。カリストは，ガリレオ衛星の中では最も反射率が低いため，とても暗く，地球の衛星である月とくらべると半分以下の反射率しかありません。表面は岩石と氷がまじったものでできていると考えられていて，表面は全体的にクレーターにおおわれています。
これは，カリストが形成以来，火山活動など，クレーターを消失させる地質的な活動がなかったからだと考えられています。

エウロパには，酸素を含む海があるかもしれない

さて，最後の**エウロパ**ですが，この衛星は半径が月よりやや小さく，表面を厚い氷でおおわれた**氷衛星**です。表面の氷にはたくさんの割れ目が走っており，極寒の衛星であることがわかります。
ところが，**エウロパにはひょっとすると生命体が存在するのではないかと，現在とても注目されているんですよ。**

火星以外にも生命体がいるかもしれないんですね！
でも氷で閉ざされているんですよね。とても生命体がいるようには感じられませんが……。

エウロパの表面を観測すると，氷がいったん溶けて，ふたたび凍ったとみられる地形や，液体が噴出した痕跡が確認されているんです。
また，表面には水溶性の塩類が積もっていることもわかりました。

水があるってことですね！　でも，塩って……？

ほら，しょっぱい水といえば**海**です！
つまりですね，エウロパの地下では，氷が溶けて液体の**内部海**ができていると推定されているのです。

海ですか〜！　地下に海だなんて，びっくりです。
でも先生，そんなにも寒い衛星なのに，どうやって氷が溶けたりするんですか？

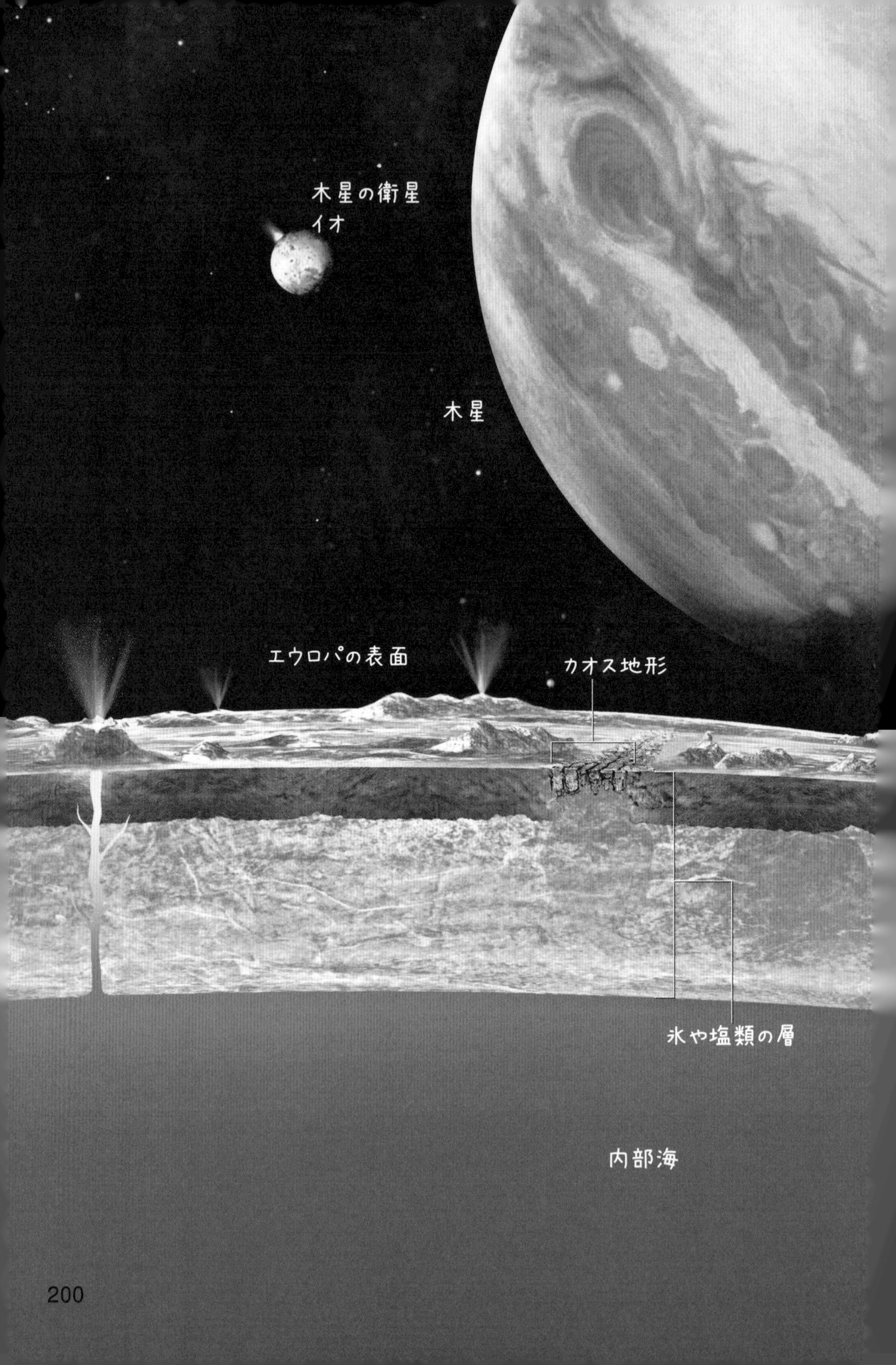
木星の衛星
イオ
木星
エウロパの表面
カオス地形
氷や塩類の層
内部海

氷が溶ける理由は，ずばり，**木星の重力です！**
前に，地球の潮の満ち引きは，月の引力が影響しているとお話ししました。実はエウロパは，木星の強い重力によって，周期的に変形して加熱される**潮汐加熱**という作用がおきていると推測されているのです。

エウロパが変形するなんて，木星の重力は強大ですね！

天体の内部にこのような内部海と熱源があれば，地球の海底で見られる**熱水噴出孔**のようにさまざまな化学反応がおきて，複雑な分子が生まれ，生命が誕生するかもしれません。地球でも，酸素がとぼしい深海熱水環境で，酸素を必要としない**嫌気性**の微生物が最初に誕生したと考えられています。

ってことは，エウロパの内部海にも，嫌気性微生物が生まれているかもしれないんですね！

STEP 2

巨大なガスの惑星，土星

土星は，太陽系の中で２番目に大きい惑星です。また，土星といえば，その美しく大きなリングが特徴です。かつて「太陽系の果て」であった土星は，どのような惑星なのでしょう。

土星の大白斑は“嵐”だった！

さあ，続いてもう一つのガス惑星，土星を見てみましょう。土星は太陽系内で，木星の次に巨大な惑星です。その大きさは，地球の**約9.4倍**，赤道半径は**約6万キロメートル**もあります。

土星も大きいですねえ。

内部構造も木星とよく似ています。中心の核は岩石と氷でできていて，そのまわりを，ヘリウムを含む液体金属水素がおおい，さらにその上をヘリウムを含む液体分子水素の層がおおっています。

本当だ，木星と同じですね。

また，土星は巨大なわりに自転速度が速く，約11時間で1回転します。その速い自転の影響で赤道付近がふくらんでおり，南北方向にややつぶれた球形になっています。

土星 Saturn

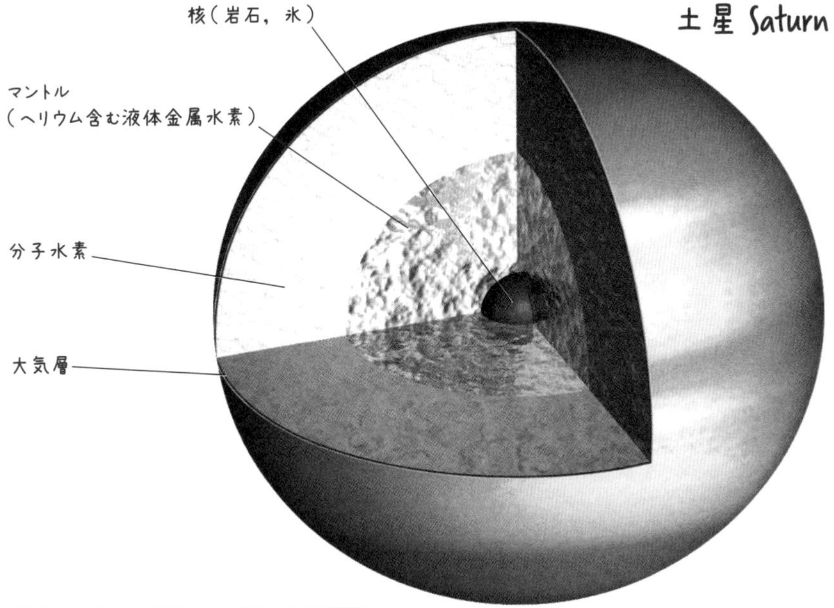

視半径	9”.71
赤道半径	6万268km
赤道重力	地球の0.93倍
体積	地球の764倍
質量	地球の95.16倍
密度	$0.69 g/cm^3$
自転周期	0.444日
衛星数	149（146）個※

※：重複や粒子塊の可能性があるものを除くと，報告されている衛星数は146個となる。

（国立天文台編『理科年表2024』より）

また，土星も木星と同様に，大気をおおっている雲が変化するため，表面に縞模様ができます。中でも特徴的なものが，**大白斑**《だいはくはん》とよばれる白い渦模様です。

木星は大赤斑でしたね。

そうです。木星の大赤斑が，つねに動いている高気圧性の渦であるのに対し，土星の大白斑は30〜50年に一度の周期で発生する**大嵐**です。大赤斑は約300年も観測されるのに対し，大白斑は発生すると，数週間から，ときには数か月をかけて土星を1周すると，消えてしまいます。

巨大な嵐が土星を1周するわけですか。とんでもない規模ですね。

また，土星にも水星と同様に磁場があり，その規模は，地球の約600倍と考えられています。そのため，土星の南極と北極でもオーロラが発生します。そのスケールはすさまじく，オーロラの厚みは最上層の雲から1600キロメートル以上の地点にまで達しているのです。

ひゃあ～！　そんなオーロラ，見てみたいなあ……。

土星のリングの厚みはわずか数百メートル

さて，続いて，土星の象徴でもある巨大な**リング**を見ていきましょう！
土星のリングは，その大部分が，数センチメートルから数メートルほどの大きさの**氷の粒**が集まってできています。遠くから観測すると1枚の板のように見えますが，実際には複数のリングに分かれていて，A～Eリングまであります（次のページのイラスト）。

レコード盤みたいですね。

リングの中でよく見えるのは主リング（A，B，Cリング）で，口径6センチメートル以下の比較的小さく安価な望遠鏡でも確認することができます。
主リングの幅は**7万キロメートル強**もあります。一方で，地上から観測できないEリングまで入れると，**100万キロメートル**にもなります。

巨大ですね！

すごいでしょう。**しかし，その厚みは意外なことに非常に薄く，数十〜数百メートルほどしかありません。**

そんなに薄いんですか!?

そうなんです。そのため，約15年に1度，地球からリングを真横から見る角度になる時期は，リングは消失したように見えます。

土星のリングがそんな構造をしていたなんて知りませんでした。

土星のリングのこのような複雑な構造は，NASAとESAの共同開発により，1997年に打ち上げられた土星探査機**カッシーニ**によって明らかにされました。**ただ，土星のリングは，最短で1億年後にはなくなってしまうと考えられているんですよ。**

ええっ！　一体なぜですか？

リングを構成している氷の粒子が帯電して，土星の磁場に沿って土星本体に雨のように大量に降り注いでいる証拠が見つかったのです。いずれリングはなくなってしまうでしょう。

そうなんですね……リングなしの土星なんて，想像できないですが……。
ところで，ガス惑星や氷惑星にはリングがあるということですが，なぜ土星のリングだけ，こんなはっきりしているんでしょう？　そもそも土星のリングはどうやってできたんでしょうか？

土星にリングができた理由は，いくつかの説が考えられています。**まず一つは，土星ができた際に，土星の周囲にガスとちりの円盤ができ，ここからリングができたとする説です。**

それって，原始太陽系ができるときと同じですね！

そうです。この円盤は，太陽のまわりの原始太陽系円盤を土星のまわりにつくったようなもので，「ミニ円盤」とでもよぶべき存在です。
このミニ円盤の中では，太陽系の惑星ができたのと同じように，ちりが集まって成長し，やがて衛星となったと考えられています。

じゃあなぜ衛星にならずにリングになったのですか？

土星の近くには，**ロッシュ限界**とよばれるラインがあり，それよりも内側は，土星の重力が強すぎて微惑星が大きく成長できないのです。
その結果，ロッシュ限界の内側に，小さな氷のかたまりからなるリングが残されたというわけなんです。

ロッシュ限界!?

ロッシュ限界とは，衛星などが，その主星（この場合は惑星）に接近できる限界の距離のことです。
その内側では，衛星は潮汐力の影響で形を保っていられず，破壊されてしまいます。
潮汐力とは，ある物体が重力を受ける際，物体内の，重力源に近い側と重力源から遠い側とで，受ける重力の大きさがことなることで発生する，物体の形をゆがませる力のことです。潮汐力は，重力源からの距離が近いほど強力になります。

なるほど～。

ほかには，**氷が主成分の天体が飛んできて，土星のロッシュ限界の内側に入って粉々に破壊され，リングを形成したという説**や，**土星の氷衛星同士が衝突破壊してリングになったという説**があります。

氷が粉々に砕けてリングになるなんて，美しい説ですねえ……。

一つ目の説が有力ですが，土星のリングの寿命が短いことがわかってから，後者二つの説が力を得つつあります。
また，木星などほかの惑星のリングも，太古の昔には土星くらい立派なものだったのが消えてしまっただけなのかもしれません。

土星最大の衛星「タイタン」には液体の湖や川がある

土星では2023年5月に新たな衛星が63個も発見され，これまでの83個から一気に**146個**に増えました。
ちなみに同年2月に，木星の衛星が新たに15個発見されて95個となり，土星の衛星数を抜いてトップに躍りでたばかりでした。

またトップの座に返り咲いたんですね。

これらの衛星は，岩石や氷からできていますが，木星や天王星などの衛星にくらべて，土星の衛星は比較的密度が低いという特徴があります。これは，岩石よりも氷の比率が高いためだと考えられています。

ふむふむ。

土星の衛星の中で群を抜いて大きいのが，**タイタン**です。その大きさは半径約2600キロメートルで，水星のサイズを上まわっています。さらに，太陽系の衛星の中で唯一，表面の気圧は約1.5気圧という，濃い大気をもっています。地球の気圧は1気圧ですから，タイタンの大気がとても濃いことがわかるでしょう。
また，実はタイタンの大気の主成分は，地球と同様，**窒素**であることもわかっています。

地球に似た環境なんでしょうか。

そうですね。レーザーを使った観測などから，タイタンの表面には，湖や川などが見つかっています。**実はタイタンは，太陽系内で，表面に液体が安定的に存在していることがわかっている，地球以外の唯一の天体なんですよ。**

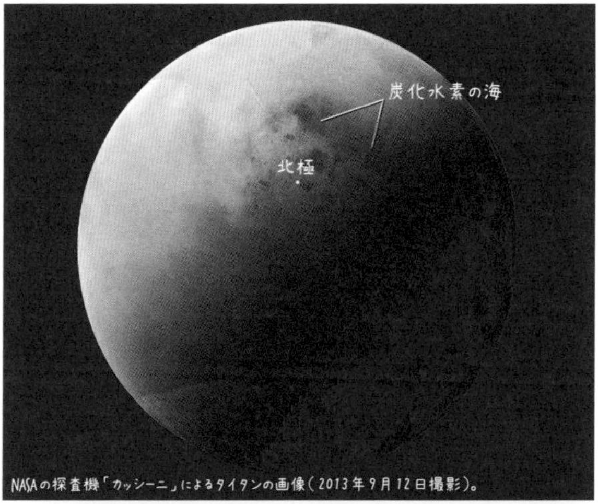

NASAの探査機「カッシーニ」によるタイタンの画像（2013年9月12日撮影）。

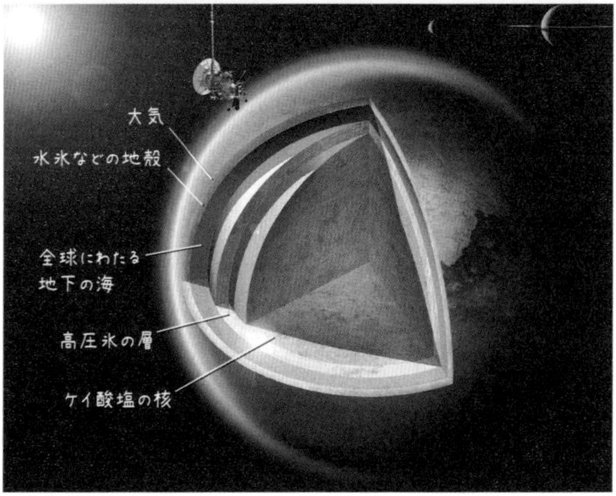

えっ！　水があるんですか？

メタンの海が広がり，そこに川が流れこむタイタンの地上の想像図。

しかし，タイタンの表面の液体は水ではなく，**エタン**（C_2H_6）や**メタン**（CH_4）です。エタンやメタンでできた湖が，北極の近くで多く見つかっています。

うーん。飲めなさそうですね……。湖のほかに特徴的な地形は見つかっているのでしょうか？

タイタンには，2005年に探査機が着陸しています。ESAの小型探査機**ホイヘンス**です。
ホイヘンスは土星探査機カッシーニと一緒に打ち上げられ，カッシーニが土星の軌道に投入されたのち，分離されて，タイタンに向かったのです。

それまでタイタンは，濃い窒素の大気のせいで，オレンジ色のもやに包まれており，可視光では，その外観は観測できませんでした。しかし，ホイヘンスが撮影した映像には，地球の険しい山岳地帯にもよく似た映像を見ることができます。

やっぱり地球に似ていますね。先生，もしかしたらタイタンには生命体がいるのではないですか？

残念ながらタイタンの表面には，生命体は存在しないと考えられています。しかし，無生物の環境において，どこまで有機化学反応が進むのかを調べることで，ほかの惑星の生命の起源を解明することができるかもしれないのです。そのために現在，タイタンの調査が進められているのですよ。

そうなんですか？

現在，NASAによる**土星衛星タイタン離着陸探査**が進行中なのです。このプロジェクトでは，回転翼をもつドローン型探査機**ドラゴンフライ**をつかってタイタンの大気や表層物質の化学分析，気象観測や地中探査をおこない，タイタンの進化の過程を解明することを目指します。2028年に打ち上げが予定されています。

ところで，惑星探査にドローンをつかうんですか？

そうなんです。**ドラゴンフライプロジェクトは，史上初となるドローン型離着陸機を使った調査なのです。**ドラゴンフライには日本が開発した地震計が搭載される予定で，タイタンの内部構造を調査することになっているんですよ。

「エンケラドス」には生命が存在するかもしれない

もう一つ，土星の衛星の中で，生命が存在しているかもしれないということで注目されているのは**エンケラドス**です。エンケラドスは，半径約250キロメートルの比較的小さな衛星です。表面は氷の地殻でおおわれていて，年間の平均温度はおよそマイナス200℃です。

小さいうえに，ものすごく寒いんですね。

ところが，2005年2月，探査機カッシーニが，エンケラドスの南極付近で，氷や水蒸気などが噴出しているようすをとらえました。この噴出は**プルーム**とよばれ，氷の地殻の下に液体の水の層が存在する可能性が高いことをあらわしています。

木星の衛星エウロパに似てますね。極寒の衛星なのに，なぜ液体の水が存在できるのでしょうか？

半径250キロメートル程度の小さな衛星の場合，通常なら内部は冷えきっていて，氷を溶かす熱源は存在しません。しかし，**エンケラドスは，土星の強い潮汐力によって，内部に熱エネルギーが生じていると考えられているのです。**
2008年3月，土星探査機のカッシーニが，実際にプルームの中に突入し，プルームの物質を直接観測することに成功しました。分析の結果，プルームには水のほかに，メタンや一酸化炭素，二酸化炭素，エチレンやプロピレンなどの有機物も含んでいることがわかりました。

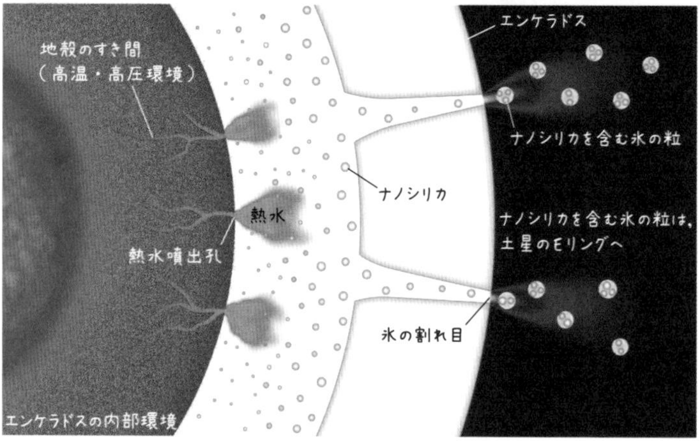

有機物って，生命に必要な物質ですよね？

その通りです。**熱源と液体の水，そして有機物が存在することから，エンケラドスの地下の水の層に，生命が存在する可能性も指摘されています。**

STEP 3

巨大な氷の惑星，天王星と海王星

太陽系最果ての二つの巨大氷惑星，天王星と海王星は，あまりにも遠く，これまで謎に包まれていました。しかし，近年は探査が進み，多くのことがわかってきました。

天王星は横倒しで自転している

さあ，ついに“太陽系の果て”にある二つの**巨大氷惑星**にたどり着きました。この二つの惑星は，地球からの距離があまりにも遠いため，その素顔はあまりよくわかっていませんでした。
これまで天王星と海王星に接近したのは，1977年にNASAが打ち上げた探査機**ボイジャー２号**のみです。ボイジャー２号は，打ち上げから９年後の1986年に天王星に到達し，さらにその３年後の1989年に海王星に接近しました。
このボイジャー２号のおかげで，二つの氷惑星について，いろいろなことがわかったんですよ。

うわあ，気が遠くなりそうです……。
どんな天体なのか，見当もつきません。一体どんな惑星なんでしょうか。

まず，**天王星**から見ていきましょう。
天王星は，太陽系の7番目に位置する惑星です。半径約2万5560キロメートルと，太陽系の惑星の中では3番目の大きさをもっています。
赤道重力は地球の0.89倍，体積は地球の63倍，密度は1.27g/cm^3となっています。
表面をおおうガスの主成分は水素とヘリウムで，わずかにメタンやアンモニアも含んでいます。

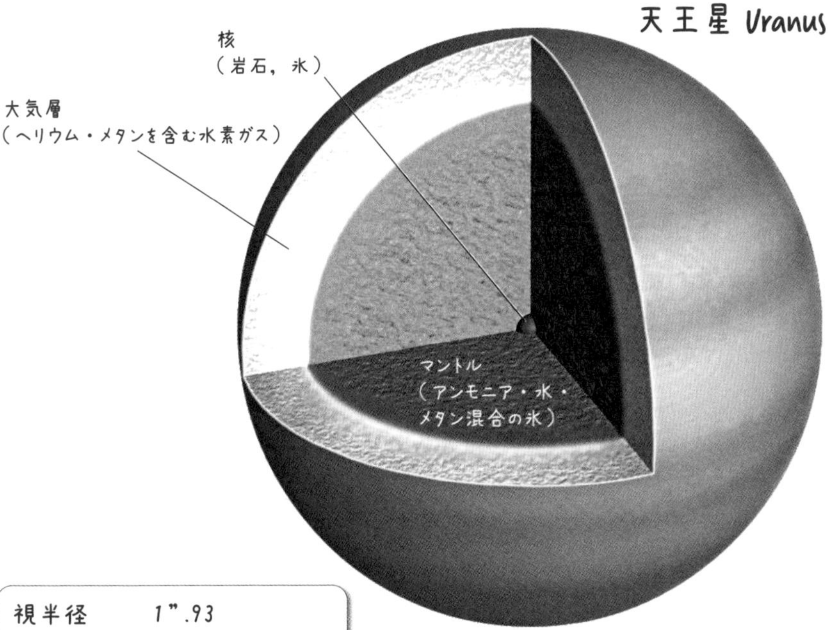

視半径	1".93
赤道半径	2万5559km
赤道重力	地球の0.89倍
体積	地球の63倍
質量	地球の14.54倍
密度	1.27g/cm^3
自転周期	0.7183日
衛星数	28個※

※：2024年に1個の衛星が追加。

（国立天文台編『理科年表2024』より）

天王星の大気に含まれるメタンは，赤橙色の光を吸収してしまうので，天王星は**淡い青緑色**に見えます。
13本のリングがあり，木星や土星と同様，天王星も東西方向に強いジェット気流が流れているため，表面には縞模様が見えます。
また，2024年に約20年ぶりに新しい衛星が追加され，現在は**28個**の衛星をしたがえています。
天王星の最大の特徴は，自転軸が98度も傾いていて，ほとんど横倒し状態になっていることです。ですから，天王星のリングや衛星も，天王星の傾きに合わせて，天王星の自転方向にまわっています。

不思議ですね！

また，天王星にも磁場があることがわかっていますが，磁場の中心となる磁軸は，横倒しになった自転軸からさらに約60度も傾いているうえ，中心からもずれているんです。

ほとんどひっくりかえっている感じじゃないですか。

そうなんです。この横倒しになった天王星の両極は，昼と夜の周期がとても長く，**1日が地球の時間で約84年もかかります。**

はちじゅうよねん!?
つまり，昼の時間が42年続いたあと，闇に包まれる夜が42年続くっていうことですよね。地球では「人生80年」とかいいますけど，天王星では1日なのか……。

横倒しの天王星と，その傾きに合わせてまわる衛星ミランダ

先生，天王星はどうして自転軸が横倒しになってしまったんですか？

天王星が誕生した直後は，ほかの惑星と同じように，自転軸は公転面に対してほぼ垂直な状態だったと思われます。その後，惑星ほどの大きさの天体が天王星の中心からややはずれた場所に衝突したために，自転軸が横倒しになってしまったという説が有力です。

天王星が横倒しになるまで

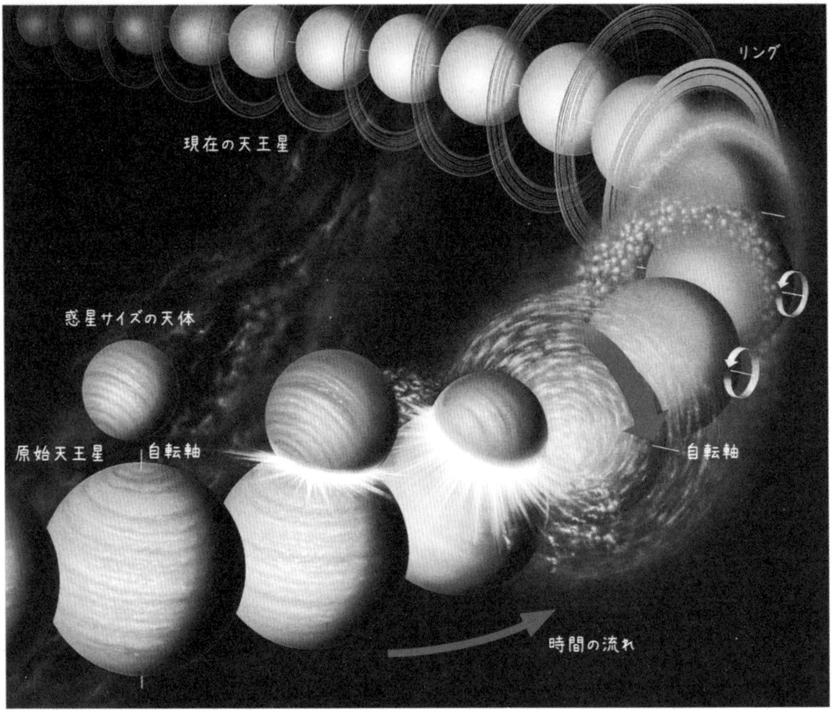

衝突の衝撃ですか……。その，衝突してきた天体はどうなっちゃったんですか？

その天体は完全に破壊されたと考えられます。しかし，その衝撃で生じた水蒸気のガスが，天王星の衛星をつくる元になったのではないかとの説が有力です。

なるほど，納得できそうな仮説ですね。

とはいえ，この説が正しいかどうかは，今後の調査をまたなければなりません。しかし，最近の研究では，初期の太陽系では大規模な衝突はそれほどめずらしい現象でもないことがわかってきましたから，今のところ，これが一番有力な説になっています。
ついでに，ほかの惑星の自転軸を見てみましょう。

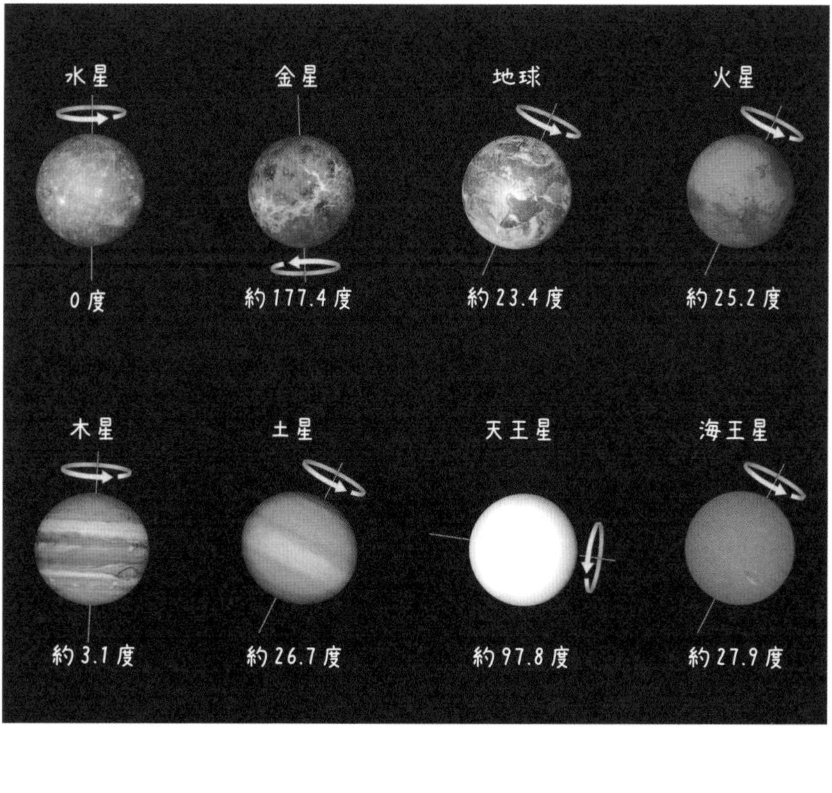

結構みんな傾いてるんですね！　金星なんて横倒しどころか，“逆立ち”じゃないですか。

金星の場合，もとはちがう傾きだったものが，ぶ厚い大気の影響や太陽の潮汐力が合わさって現在の姿になったという説があります。
まあ，金星は特殊な例ですが，ほかはおおよそ，“傾き”といえる範囲ですよね。ただし，各天体の自転軸の傾きがなぜこのようになったのかについては，説は出されていますが，確定的な証拠は得られていない状況です。

ふうむ。一体何がおきていたんでしょうね……。

さて，天王星には現在28個の衛星が発見されているとお話ししました。その中で特に注目されているのが**ミランダ**です。
ミランダは半径わずか240キロメートルの小さな天体で，その表面にはまるで何かで引っかいたような巨大な地形や，深さ20キロメートルに達する溝が見つかっているのです。

傷だらけなんですね。溝ということは，水が流れた跡ですかね？　それか火山活動とか……。

それにしてはミランダは小さすぎるのです。これらの溝は，内部の対流などで表面に生じた断層や褶《しゅう》曲《きょく》地《ち》形《けい》だと考えられています。こんな小さな衛星の内部が対流するほどの熱を持ったのは，過去にミランダが破壊と再集積をしたからだとの説もありますが，まだ確証は得られていません。

うーむ。まだまだ謎が多いですね。

ミランダの表面には傷がたくさんある。

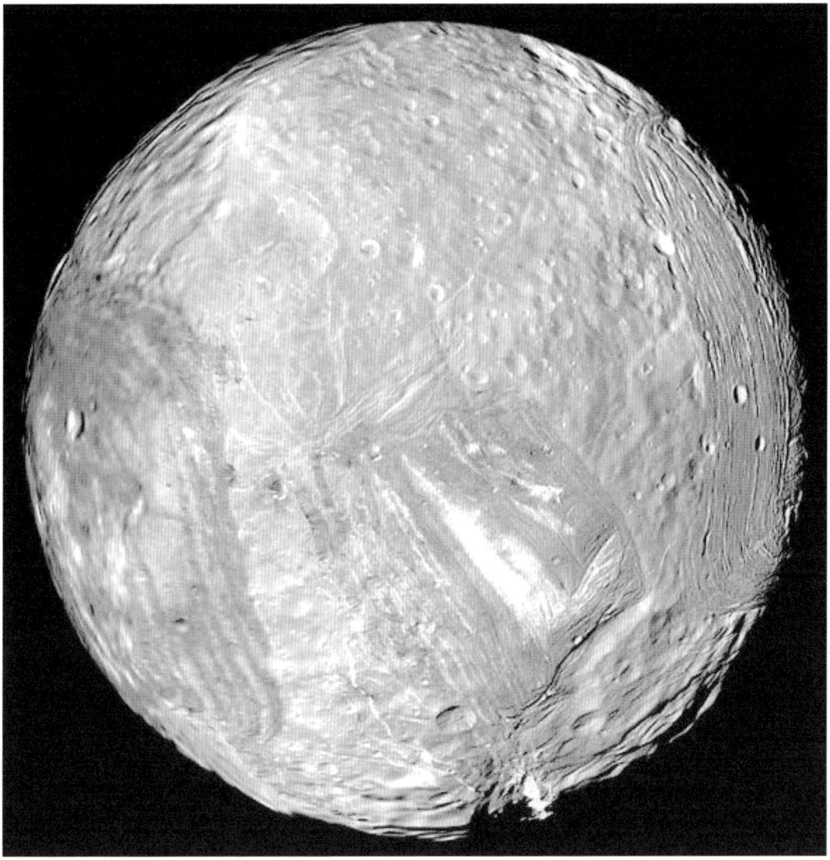

天王星の中で比較的大きな衛星は，このミランダのほか，**チタニア**，**オベロン**，**ウンブリエル**，**アリエル**があります。この中で最大のものは**チタニア**で，半径が約789キロメートルあります。この五つの衛星は，地上からの観測によって以前から知られていました。

残りの小さな衛星たちは，探査機ボイジャー2号および，ハッブル宇宙望遠鏡の観測などで発見されたものです。

太陽系から最も遠い氷の星，海王星

いよいよ，太陽系の最果ての惑星，**海王星**を見てみましょう。
太陽から最も遠い軌道をまわる海王星の公転周期は，実に**約165年**となっています。

ひゃあ～！
太陽系の一番外周ですからね。それにしても1周が165年って……，とほうもないですね。

海王星が発見されたのは，**1846年**です。
発見された位置から太陽を1周してまた同じ位置にもどってきたのが**2010年**でしたからね。いかに長い公転周期であるかがわかるでしょう？

2010年って，比較的最近ですよねえ。発見されたのが江戸時代で，1周して戻ってきたら平成になってるだなんて……。

すごいですよねえ。
海王星の半径は約2万5000キロメートルで，天王星よりも少し小ぶりな氷惑星といえます。しかし，密度は $1.64g/cm^3$ で，木星よりも大きい数値です。
海王星には5本のリングが確認されています。海王星も，2024年に新たに2個の衛星が報告されており，現在，衛星の数は**16個**になっています。

海王星 Neptune

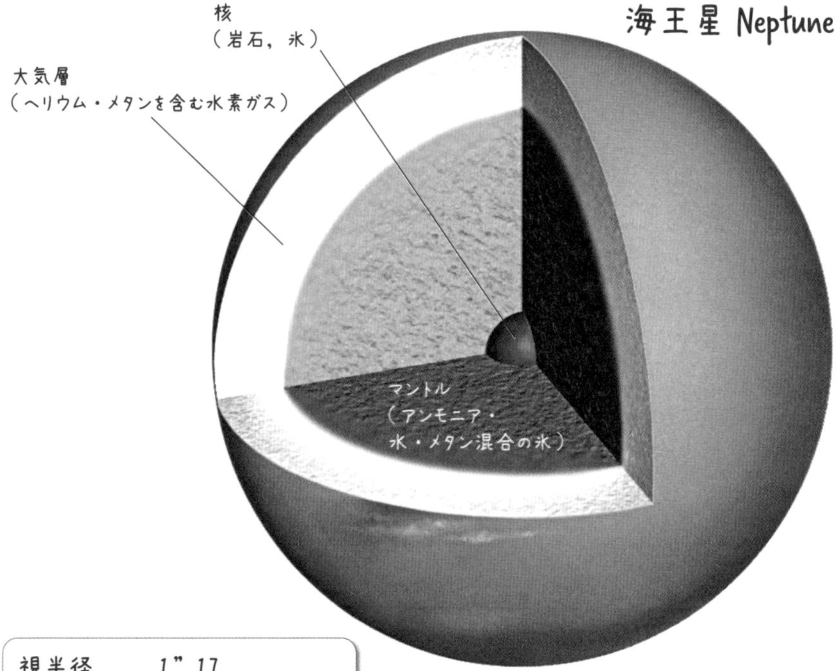

視半径	1”.17
赤道半径	2万4764km
赤道重力	地球の1.11倍
体積	地球の58倍
質量	地球の17.15倍
密度	1.64g/cm^3
自転周期	0.6712日
衛星数	16個※

※：2024年に2個の衛星が追加。

（国立天文台編『理科年表2024』より）

また，海王星の表面は濃い青色だと考えられてきましたが，昨今の観測により，天王星よりも若干濃い，**青緑色**だといわれています。

これは，海王星の表面をおおうガスの中に，天王星と同じく，メタンが含まれているため，赤橙色の光が吸収されるためです。

海王星の大気も，大部分が水素とヘリウムです。大気圏は高度80キロメートルまでの対流圏と，それより上の成層圏に分かれています。成層圏には，ほうきで掃いたような形をした絹雲状の雲があり，この雲が海王星の大気の気流に乗って移動し，淡い縞模様をつくります。

へええ……。海王星には縞模様があるんですね。そんなくわしいことまでわかっているなんて，ボイジャー2号って，すごいですねえ。

海王星の特徴は，**大暗斑**とよばれる高気圧性の渦です。これは，地球の直径より大きい，暗い斑紋で，1989年にボイジャー2号によって発見されました。

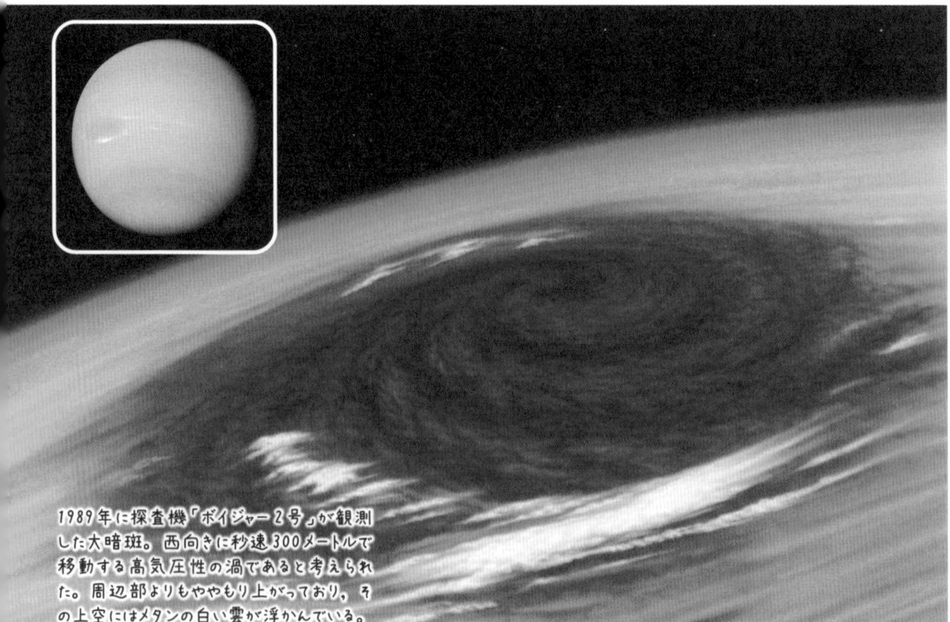

1989年に探査機「ボイジャー2号」が観測した大暗斑。西向きに秒速300メートルで移動する高気圧性の渦であると考えられた。周辺部よりもややもり上がっており，その上空にはメタンの白い雲が浮かんでいる。

その後，1994年にハッブル宇宙望遠鏡で観測したとき，この大暗斑は消えていて，さらに数か月後に観測したときは，北半球に新しい斑紋ができていました。どうやら海王星の上層大気は，短い時間で大きく変化しているようです。

海王星は昔はもっと内側にあった

海王星は現在，太陽から約30au（太陽から地球までの約30倍）の距離にあります。しかし，かつてはもっと内側にあり，現在の位置へと移動してきたようなのです。

そうなんですか!?

その根拠は，海王星の外側にある**エッジワース・カイパーベルト天体**との関係です。
エッジワース・カイパーベルト天体とは，海王星の外側に存在する小天体群で，円盤状に分布していると考えられています。このエッジワース・カイパーベルト天体の中には，海王星が移動したと考えれば，つじつまが合う軌道をもつ天体がたくさんあるんですよ。

そうなんですね。海王星はなぜ移動したんでしょう？

付近に残っていた無数の微惑星を，くりかえし何度も遠くへ飛ばした結果だという説が有力です。そして，この海王星の移動は，地球にも大きな影響を与えた可能性があるのです。

地球に？　そんな遠くにある地球に，どんな影響を与えたっていうんですか？

海王星が移動することで，海王星の外側にあった一部の小天体の軌道が乱れ，太陽系の内側の惑星に向けて大量の隕石が降り注いだという説があるんです。この現象の痕跡は，月などにクレーターとして残されており，およそ40億年前におきたと考えられています。

大量の隕石が降り注ぐ!?

まるで，太陽系の遠くから爆撃を受け続けるみたいですね！

まさにその通りで，実際この現象を**隕石重爆撃**といいます。さかんに降り注ぐ隕石によって，地球の環境がどのように変化したのか，そして生命の誕生とどのようにかかわったのか，今，研究が進められているのです。

惑星のちょっとした位置の変更が，ほかの惑星にも大きな影響をあたえるんですね……。

また，海王星の移動によって軌道が乱れ，遠くに飛んでいった小天体の一部は，現在でも“**彗星の巣**“ともいわれる**オールトの雲**などに存在し，ときおり彗星として地球に接近しているのだと考えられています。

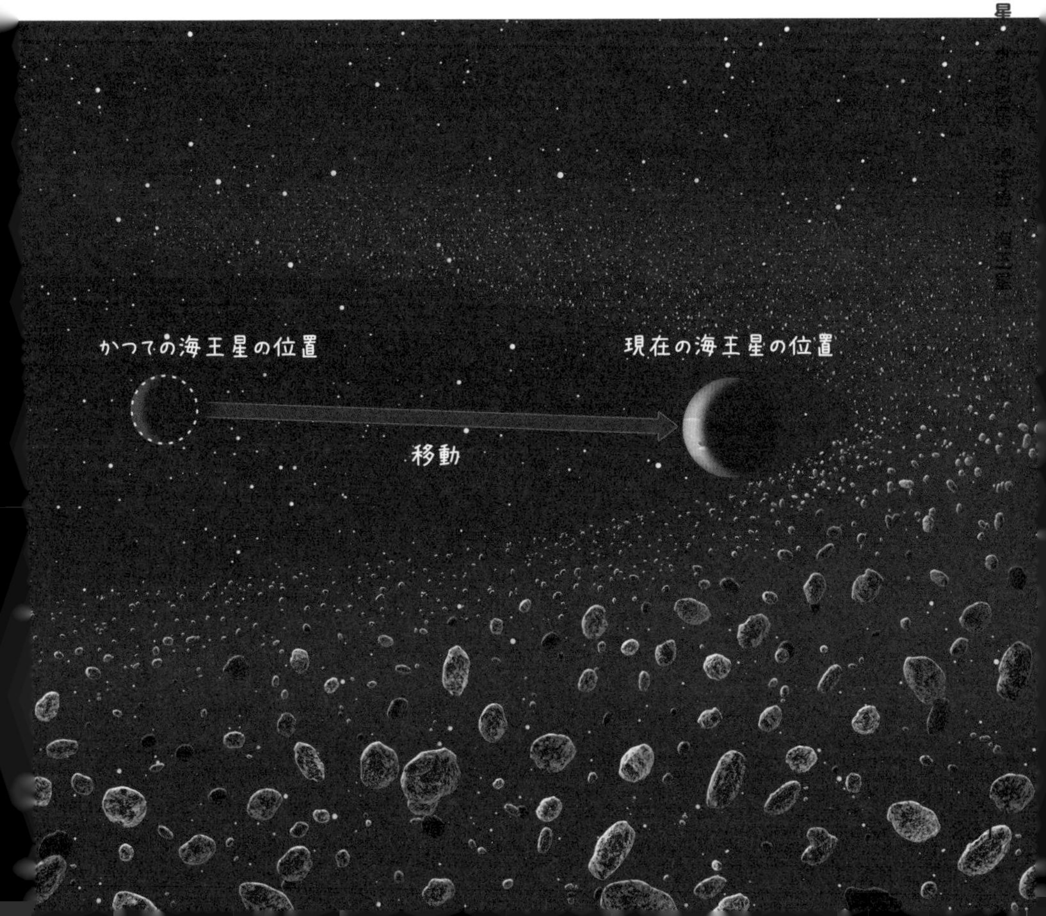

衛星「トリトン」は，いずれ海王星に落下する運命

海王星には現在16個の衛星が発見されていますが，最大の衛星は**トリトン**です。トリトンは，地球の月の4分の3くらいの大きさをしています。

なかなか大きな衛星ですね。

トリトンには，地球の10万分の1という非常に薄い大気が存在します。この大気は窒素を主成分とし，わずかにメタンが含まれています。
さて，ボイジャー2号はトリトンの南極表面で，斜めに走る黒い筋を画像に収めていました。これは何だと思いますか？

うーん，黒い筋……？　何でしょう？

この黒い筋は **“噴煙の痕跡”** なんです！
これは，地下の窒素があたためられて大気中に噴出するときに，表面付近の炭素化合物や窒素の氷を噴き上げていることで生じていると考えられています。

トリトンって，活動的な衛星なんですね。

トリトンの自転周期と公転周期は，地球の月と同様にほとんど同じです。このため，トリトンは海王星に対して，月と同じようにつねに同じ面だけを見せています。

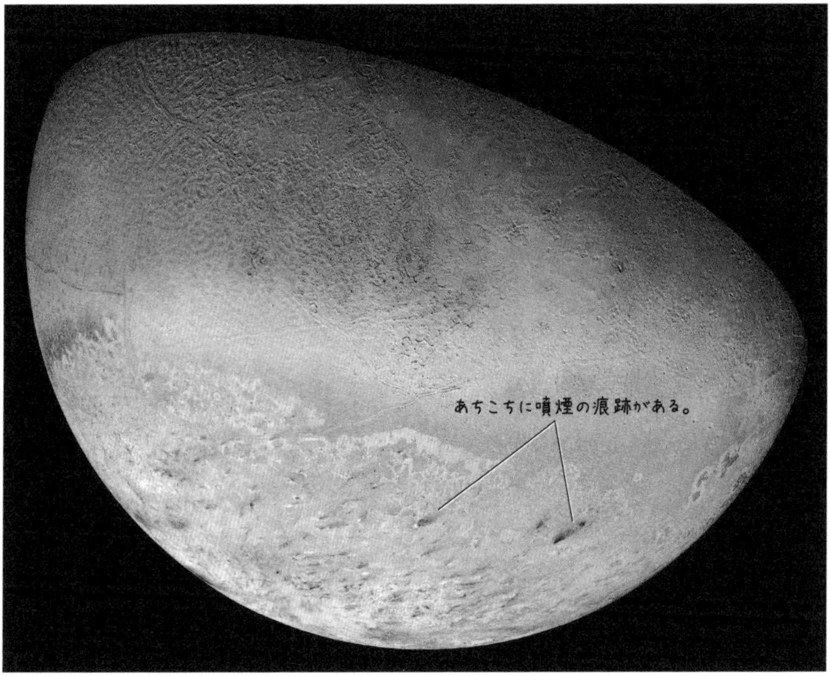

ここで面白いのは，トリトンは海王星の自転方向と逆向きに公転する**逆行衛星**であることです。
そのため，トリトンは海王星とは別の場所で誕生し，海王星の近くにきたときに，その重力によって捕獲されたとみられているんです。

逆行衛星なんてはじめて聞きました。

衛星のほとんどは母惑星の自転と同じ方向に公転しています。これは母惑星から衛星が徐々に遠ざかることを意味します。なぜなら，母惑星の潮汐力がはたらくからです。たとえば地球の衛星である月は，地球から受ける潮汐力の影響で公転速度を速め，徐々に地球から遠ざかっているんです。

なるほど……。えっ，ということはトリトンはひょっとして？

お察しの通り，海王星から受ける潮汐力により，公転半径がだんだんと小さくなっていきます。
つまりトリトンは，最終的に海王星に落下してしまうと考えられているのです。
こうした逆行衛星は，ほかの惑星にも複数確認されています。

惑星たちは，大移動をしていた!?

先ほど，海王星がかつてはもっと内側にあったとお話ししました。このような惑星の移動は，ほかの惑星も含めてもっと大規模におきていたという説があるんです。

惑星が，大移動していた？

フランスのアレサンドロ・モルビデリ博士や，アメリカのハロルド・レビソン博士らが提唱した**ニースモデル**によると，木星と土星は現在よりも内側の軌道で誕生し，さらに，天王星と海王星は，現在とは逆に，海王星のほうが内側にあったと考えられています。

うう……，位置関係がぜんぜんちがいますね。

このほかにも，太陽系誕生の初期段階で木星と土星がいったん内側へ向けて移動し，そのあとに外側に向けて移動したという**グラン・タック・モデル**なども提案されています。

いろいろなモデルがあるんですねえ。

ええ。かつては**惑星はつくられた場所にとどまる**という固定観念がありました。しかし近年の新たな発見によって**惑星は移動する**という新しい概念が生まれ，それが受け入れられるようになったからこそ，こうしたさまざまなモデルが提案されたといえるのです。

宇宙観が，生まれ変わっていくんですね。

5

時間目

太陽系を構成するその他の天体たち

STEP 1

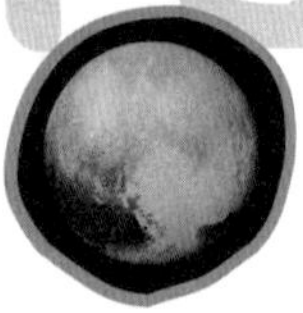

準惑星と小惑星

太陽系には，八つの惑星や衛星のほかにも，さまざまな天体が存在します。太陽系の仲間である，準惑星や彗星など，太陽系の小天体を見ていきましょう。

2006年に，「惑星の定義」が決められた！

太陽系には，太陽や八つの惑星，惑星以外にも，準惑星や小惑星など，たくさんの興味深い天体がたくさん存在しています。5時間目では，そうした天体たちを見ていきましょう。

楽しみです！

まず，太陽系の天体の分類についてご説明しましょう。
太陽系の天体は，**惑星**，**準惑星**，**衛星**，**太陽系小天体**に分類されます。
このうち惑星について，2006年に国際天文学連合の総会で，**惑星の定義**が採択されました。

「惑星」って，どんなふうに定義されているんですか？

定義によると，太陽系の**惑星（planet）**とは，次の条件を満たしている天体のことです。

惑星の条件

①太陽のまわりをまわっていること。
②じゅうぶん大きな質量をもつため，自己重力が固体にはたらくほかの種々の力を上まわり，重力平衡形状を有していること。
③自分の軌道の周囲からほかの天体をなくしていること。

ん？　②の「重力平衡形状」って何ですか？

重力平衡形状とは，簡単にいうと，「ほとんど球状の形」ということです。
自分の重力と内部の圧力が平衡状態にあり，きれいな球形を保てているということですね。

太陽のまわりをまわっていて，ほかの天体より重力が強く，丸い形をしていて，なおかつ，自分だけの軌道をもっているということですね。
じゃあ，準惑星はどうちがうんですか？

準惑星（dwarf planet）は，大きな天体ではあるけれど，軌道を代表している天体でないもののことです。
つまり，**惑星の基準である①②を満たしていますが，③を満たしていない天体ということになりますね。**

はじめにお話しした**冥王星**は，1930年に発見されてから，長いあいだ「9番目の惑星」とされていました。
しかし，冥王星の軌道にはたくさんの天体がまわっているため，2006年8月に惑星から外され，準惑星と分類されたのです。

③の条件を満たしていなかったんですね。

ポイント！

太陽系天体の分類

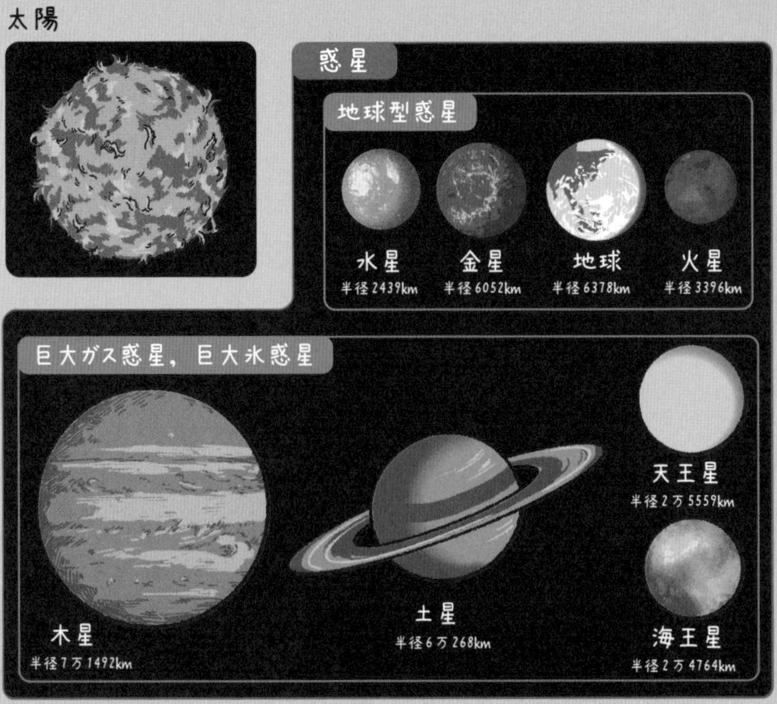

このほか，衛星と，惑星・準惑星以外で，太陽のまわりを公転する天体のことを**太陽系小天体（small solar system bodies）**といいます。

さらに，その太陽系小天体の中で，海王星よりも外側にある天体を総称して**太陽系外縁天体**といいます。

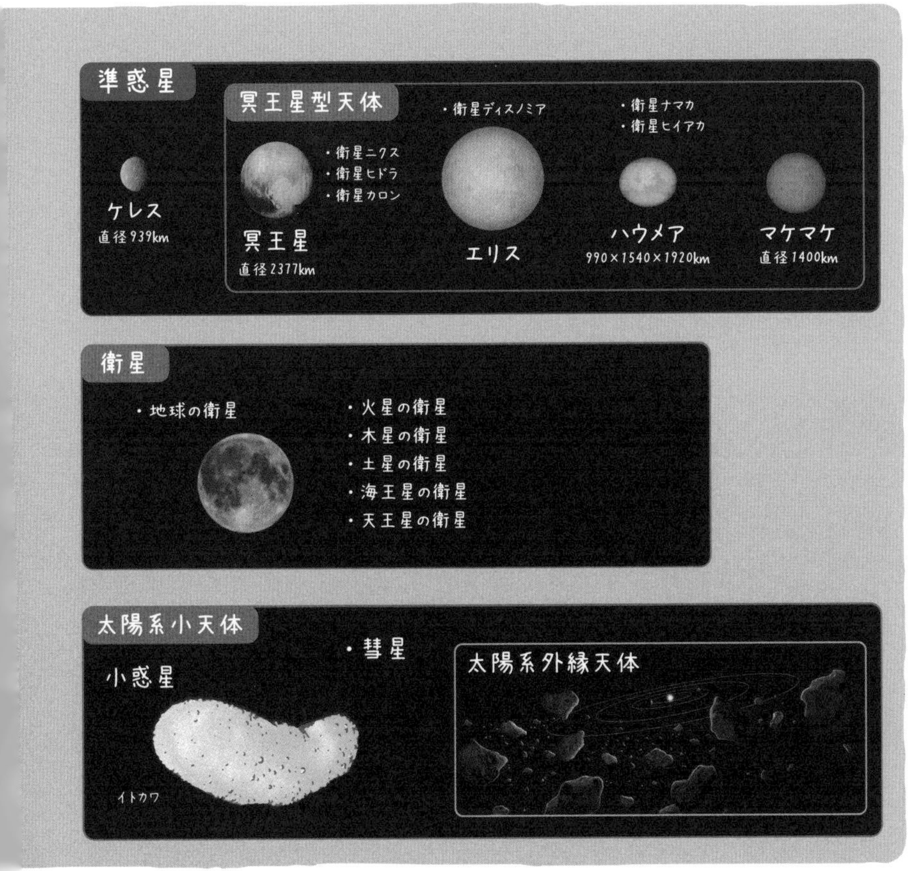

現在，準惑星に分類されている天体は，冥王星のほか，**ケレス**，**エリス**，**マケマケ**，**ハウメア**の五つです。ケレス以外の四つは，海王星より遠くにある「太陽系外縁天体」で，特に**冥王星型天体**とよばれ，ほかの太陽系外縁天体と区別されています。

冥王星以外の準惑星は，どんな姿をしているんですか？

実は太陽系外縁天体の多くは，探査機や望遠鏡による精細な画像がないんです。ですから，表面の様子などは，観測から予測されたものです。
まず，ケレスは，1801年に，イタリアの天文学者**ジュゼッペ・ピアッツィ**（1746〜1826）によって発見された天体です。太陽からの距離は4億1379万キロメートルで，火星と木星のあいだを公転しています。
ケレスは，発見された当初は惑星とみなされていましたが，のちに小惑星とされ，そして2006年に最終的に準惑星に分類されました。

ケレスも最初は惑星だったんですね。

2003年に発見された**エリス**は，当時惑星に分類されていた冥王星より大きい天体でした。このことが惑星の定義を考えなおすきっかけとなったのです。

そうだったんですか。エリスのおかげで，冥王星は準惑星になったってわけかあ……。

冥王星
ケレス
エリス
マケマケ
ハウメア

「小惑星」は太陽系の謎を解く鍵!?

惑星と衛星，準惑星以外にも小さな天体が存在します。その一つが**小惑星**です。小惑星は，火星軌道と木星軌道のあいだの領域である**小惑星帯**に集中しています。
軌道が確定し，ちゃんと識別番号のつけられている小惑星は50万個以上にもおよび，軌道が未確定の小惑星は，さらに数十万個にのぼるといいます。

そんなにたくさんの小惑星があるんですか！

そうなんです。実は，これら小惑星の起源は，太陽系が誕生したときにまでさかのぼります。
微惑星が衝突をくりかえして惑星に成長していく中で，惑星へと成長しきれずに残ってしまったものや，あるいは一度大きな天体に成長したあと，はげしい衝突などでこわれてしまったものだと考えられているのです。
特に，小惑星帯は，**族**といわれる，似た軌道をまわる小惑星の集団がいくつもあり，同じ族の小惑星は，一つの原始惑星が衝突，破壊されてできたものだと考えられています。

小惑星は，太古の太陽系の名残ともいえるんですね。

その通りです。そもそも地球に落ちる隕石は，小惑星を起源とするものが大部分です。その組成を調べると，太陽にとても近いものがあるんです。ということは，太陽の組成と太陽系全体の組成はほぼ同じといえるわけです。

ふむふむ。

そのため，小惑星は太陽系初期の情報を保存している“化石”だと考えられているのです。小惑星の組成や形成過程がわかれば，初期の太陽系のこともわかるのではないかと期待されているんですよ。

小惑星って小さいけれど，すごく重要な存在なんですね。

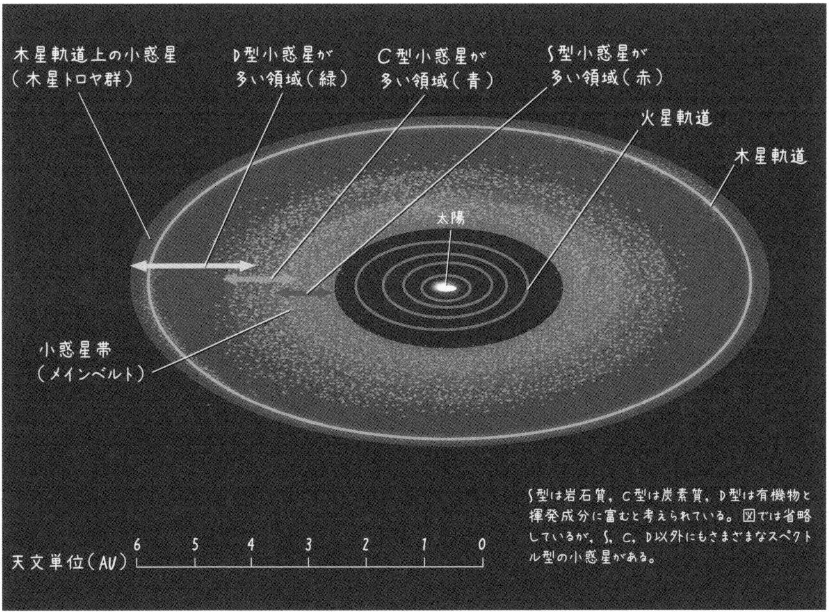

生命のモトは小惑星からもたらされたのかもしれない

小惑星は，太陽系の起源とともに，生命の起源についての謎を解く鍵にもなり得ます。なぜなら，生命の材料は宇宙から飛来する天体によって地球にもたらされたとする説があるからです。

私たちの体をつくる材料が，宇宙からもたらされたですって!?

そうです。生命にとって重要な有機物には，タンパク質の材料である**アミノ酸**と，遺伝情報を保存するDNA・RNAの材料になる**核酸塩基**や**糖**があります。

どれも生物にとって必要不可欠なものばかりです。

そのうちアミノ酸については，1969年にオーストラリアに落下した**マーチソン隕石**などの，水や有機物を多く含む**炭素質隕石**から検出されています。
また，2016年にはESA(ヨーロッパ宇宙機関)の彗星探査機**ロゼッタ**が，チュリュモフ・ゲラシメンコ彗星の核から放出された物質を分析し，アミノ酸の一種である**グリシン**を検出しました。

日本のはやぶさ2も，小惑星リュウグウからアミノ酸を検出したとニュースになりましたね。

その通りです。小惑星リュウグウの試料からは，多数のアミノ酸だけでなく，核酸塩基やビタミン，それに液体の水も検出されたのです。
また，核酸塩基は，ほかにも検出されています。2022年4月の北海道大学などの研究チームの発表によれば，マーチソン隕石を含む三つの炭素質隕石から，DNA・RNAに含まれる5種類の核酸塩基（アデニン・グアニン・シトシン・チミン・ウラシル）を検出したのです※。

ということは，地球以外のどこかで，DNAやRNAをもつ生物が生まれていても不思議じゃないですね。

生命が誕生するには，それだけでは無理ですが，大きな可能性としてはありますね。ただし，地球に落ちてきた隕石を分析する場合は，注意が必要になるんですよ。
なぜなら，地球に落下した隕石の場合，たとえ有機物が検出されたとしても，地球の物質が混入した可能性がどうしても否定できないからです。
しかし，宇宙探査機による天体の「その場観測」や，天体から採取した試料の直接分析で有機物が検出されれば，地球の物質の混入ではなく，彗星や小惑星に有機物が含まれているゆるぎない証拠となります。

なるほど。だからこそ，さらなる小惑星探査に期待がよせられるわけですね！

※：O ba, Y., Takano, Y., Furukawa, Y. et al., Nat Commun 13, 2008 (2022).

小惑星探査機「はやぶさ」「はやぶさ2」が大活躍！

小惑星が，太陽系の起源，ひいては生命の謎を探る大きな手がかりになるとお話ししました。
その実例となる探査が，日本でおこなわれました。それが，JAXAの小惑星探査機**はやぶさ**と，**はやぶさ2**の探査です。

当時，ニュースでも大きく取り上げられていましたね。

はやぶさは，2003年5月に打ち上げられ，2005年9月に，小惑星**イトカワ**に到着しました。

イトカワは，どんな天体なんですか？

小惑星は，太陽からの反射の仕方で組成を推測し，組成ごとにいくつかのグループに分けられています。
その中で，イトカワは，岩石を主成分（stony）とする**S型小惑星**に分類されています。サイズは535×294×205メートルととても小さく，二つの岩石がつながったような形が特徴です。
「イトカワ」という名前は，日本の工学者でロケット開発の先駆者である**糸川英夫博士**（1912～1999）にちなんで名付けられたんですよ。

すごく小さな天体なんですね。

はやぶさは，1か月半にわたって科学的な観測をおこない，その後イトカワに着陸して試料を採取しました。

そして，2010年6月13日に地球への帰還を果たし，地球上に回収カプセルを投下したのです。
月以外の天体の表面からサンプルリターンを達成したのは，はやぶさがはじめてでした。

史上初ですか！　惑星探査のすごく大きな一歩だったんですね。

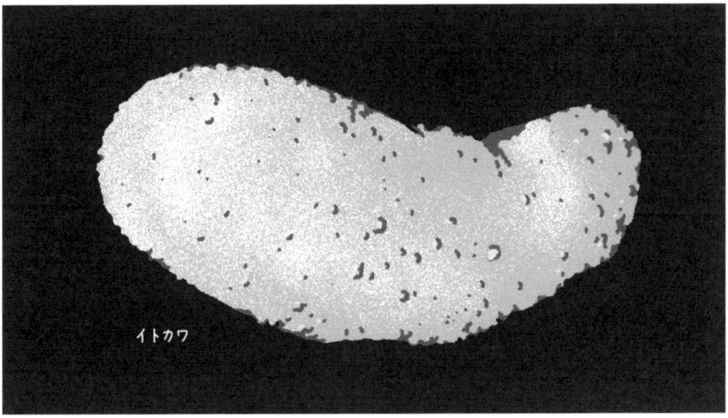

回収カプセルからは，大きさがおよそ0.01〜0.1ミリメートルの微粒子が3000個程度採集され，そのうち約半数がイトカワ起源のものと判明ました。
さらに詳細な分析をおこなったところ，イトカワのもととなる母天体は，太陽系が形成された約46億年前に誕生し，約15億年前に別の天体との衝突によってバラバラに破壊されたと推測されました。現在のイトカワは，これらの破片の一部が重力でふたたび集まった姿だと考えられています。

そんな歴史がたどれるんですね……。

さらに，イトカワのサンプルでは，**水**に関しても重要な発見がありました。
これまで乾燥した天体だと考えられていたS型小惑星としては，予想外に多い割合の水分が検出されたのです。
これは地球の水が，どこからきたのかという起源を探るうえでも，重要な成果といえます。

地球の生命誕生の謎につながるわけですね。

続いて，「はやぶさ2」は，2014年に打ち上げられました。
はやぶさ2が目指したのは小惑星**リュウグウ**です。
小惑星の中で，リュウグウは，有機物（炭素＝Carbonaceousや水を含む物質）を多く含む**C型小惑星**に分類されています。小惑星帯の中で，S型小惑星は太陽からの距離が近いところに多く，C型小惑星はそれよりもはなれたところに多く存在しています。
そのため，C型小惑星はS型小惑星よりも水分が多く，太陽系の初期の情報が多く保たれていると考えられています。

なるほど。より情報の多い小惑星を目指したんですね。

はやぶさ2は，2018年6月に，小惑星**リュウグウ**へ到着しました。
そして2019年2月に，小惑星に接地し，岩石や砂などを採取して浮上する**タッチダウン**がおこなわれました。

さらにはやぶさ2は，小惑星に弾を打ちこんで人工のクレーターをつくり，地下の石や砂を採取することにも成功しています。

人工的なクレーターをつくる？　なぜそんなことをしたんですか？

小惑星の地表は，太陽風や宇宙線，微小隕石の衝突などにさらされて影響を受ける**宇宙風化**がおきています。弾を打ちこむことで地下の土を掘りおこせば，宇宙風化がおきていない，新鮮なサンプルの採取が期待できます。サンプルが新鮮なほうが，小惑星が形成された当時の状態がわかりますし，地表のサンプルと比較すれば，宇宙空間の物質がどのように変質するのかを探ることもできるのです。

そういうことですか。ものすごい技術ですね！

はやぶさ2は，サンプルを採取してから11月にリュウグウをはなれ，2020年12月に地球へ向けて，サンプルの入ったカプセルの放出を成功させました。それから，次の小惑星探査へと向かっており，現在も順調に運用が続いています。

サンプルリターンを成功させてから，また別の小惑星へ!?

そうなんですよ。ホームページでは，はやぶさ2の運用状況が発信されていますから，ぜひ見てみてください。
さて，回収されたカプセルからは，目標を大きく上まわる約5.4グラムのサンプルが採取できました。
分析した結果，アミノ酸のほか，核酸塩基やビタミン，それにたくさんの**含水鉱物**が検出されたのです！
地球に生命が誕生するためには，体の基本材料である有機物と含水鉱物があれば十分です。
含水鉱物があれば，有機物からタンパク質などの複雑な分子がつくられるための，化学反応の舞台となるからです。

生命の材料が一式そろってる感じじゃないですか！

その通りです。生命の起源についての考察が得られる可能性もあり，今後のさらなる研究報告に期待がもたれているのです。

海王星の外側にある無数の小天体「太陽系外縁天体」

さて，海王星より外側の領域にも多数の小天体が発見されています。これまでも何度か登場しましたが，これらを**太陽系外縁天体（エッジワース・カイパーベルト天体）**といいます。

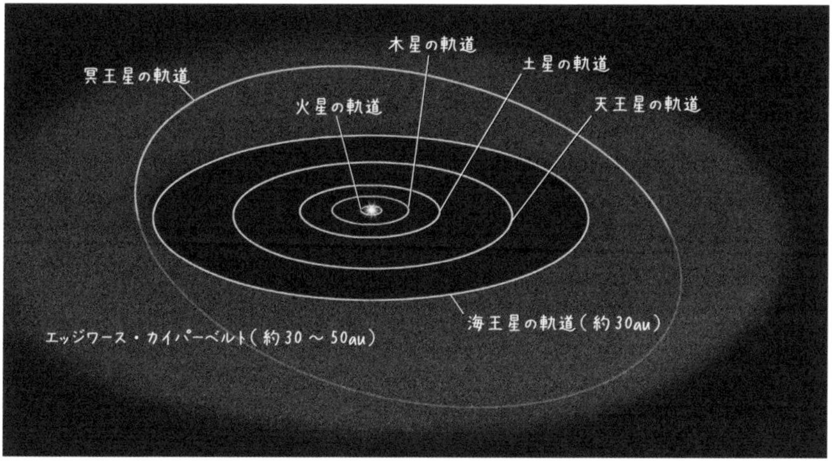

さっきも少し出てきましたね。なかなかインパクトのある名前ですよね。エッジワース・カイパーベルトという名前の由来は何なのでしょうか？

1940年代に，アイルランドの天文学者**ケネス・エッジワース**（1880～1972）が，1950年代にオランダ，アメリカの天文学者**ジェラルド・カイパー**（1905～1973）がそれぞれ，太陽系外縁部に，氷を主成分とする無数の天体がベルト状に存在する領域があると予測しており，この二人の名前に由来しています。

二人の博士のお名前だったんですね。

そうです。準惑星も，海王星より外側にあるものは太陽系外縁天体に含まれます。その代表的な天体が冥王星なので，これらの準惑星は**冥王星型天体**ともよばれています。
太陽系外縁天体は，軌道が明らかになっていないものを含めて，2021年現在**約3500個**が見つかっています。

そんなにたくさんあるんですね！

エッジワース・カイパーベルトの範囲は，太陽から約30～50auの範囲です。しかし，その中の小天体の一つである**セドナ**だけは，最も遠いところで太陽から約1000auはなれた軌道をまわっています。
50auよりも遠い領域からは，太陽系外縁天体はあまり見つかっておらず，その理由は明らかになっていません。

「彗星」は，“汚れた雪玉”？

彗星も，太陽系の天体の一つです。「ハレー彗星」などは見たことある方も多いでしょう。
彗星は**ほうき星**ともよばれ，長い尾をたなびかせる姿が特徴的です。オールトの雲，あるいはエッジワース・カイパーベルトに属する小天体が，何らかの原因で太陽の近くまでやってきたものだと考えられています。

そうだったんですね。ところで先生，彗星って，なぜあんなに長い尾を引くんですか？

彗星の本体は「核」とよばれ，平均的な直径は数キロメートルあります。主に水の氷と砂粒のような小さなちりのかたまりでできていて，よく**汚れた雪玉**と表現されることもあります。

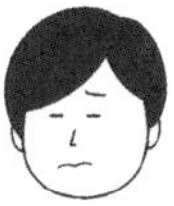

え〜！　「彗星のごとくあらわれた」とかいいますけど，その本体は「汚れた雪玉」ですか。何だかずいぶんとイメージが……。

太陽に近づくと，彗星はその熱で温められ，核の氷が蒸発してちりとともに噴きだします。これが核を取り囲む**コマ**といわれる部分をつくりだし，これが太陽風に流されることによって，私たちに**尾**として観測されるんです。

また，尾は，核から放出されるガスがイオン化して輝く**イオンの尾**と，ちりが太陽光を反射して輝く**ちりの尾**とに分かれて見えます。

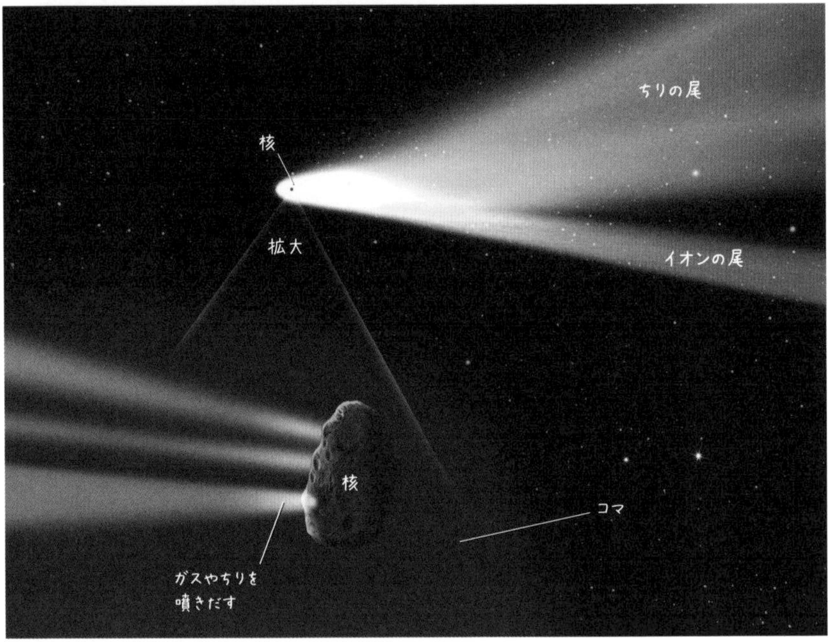

彗星は太陽に近づくほど，尾をなびかせるようになるんですね。

注目すべきは，彗星の軌道は惑星とかなり異なっている点です。軌道が確認されている彗星の半数は，楕円軌道や放物線軌道に乗っていますが，双曲線軌道をえがくものもあります。

彗星って，あっという間にやってきて，あっという間に去っていく印象があります。

公転周期の幅も大きく，最も短周期のエンケ彗星は3.3年です。しかし，**数千〜数万年周期の彗星もあると推測されているんですよ。**
また，軌道面が大きく傾斜しているものも多く，惑星と逆向きに公転しているものもあります。

数万年周期!?
ということは，まだ人類が見たことのない彗星があるかもしれないんですね。

大気圏には，1日数十トンの「流星」が飛びこんでくる!

彗星と似たものに，流星があります。
流星とは，太陽系内の微小天体や固体粒子が大気圏に突入し，摩擦熱で発光する現象をいいます。

なるほど，彗星は遠くからやってきてどこかに飛び去っていくけど，流星は地球の大気圏に突入するものなんですね。流星のもととなる物質って，どれくらいの大きさなのでしょうか？

流星のもとになる物質の大きさは，0.1ミリメートル以下から数センチメートルまでさまざまです。
平均的な質量は1グラム以下で，高度約150〜100キロメートルで発光し，70〜50キロメートルで消滅します。
地球大気に飛びこんでくる量は，1日に数十トンにも達するといわれています。

1日に数十トン!?

すごい数でしょう。
毎年定期的に出現する流星の一群は**流星群**とよばれ，地表から観測すると，天球の一点（放射点）から，流星が放射状に飛びだしてくるように見えます。

「しし座流星群」とか「オリオン座流星群」とか，ニュースで見たことあります。それらは，その流星が，しし座やオリオン座から来たということなんですか？

よい質問ですね。流星群の名称は，流星が放射された地点にある星座名でよんでいるだけで，実際にその星座に属する天体というわけではないんです。

「しし座の方向から来た流星群」という意味なんですね。ところで先生，なぜ毎年定期的にそれだけ多くの微小天体が大気圏に突入してくるんですか？

実は，彗星とも関係しているんですよ。次のイラストは，テンペル・タットル彗星の軌道と，その軌道付近を通過する地球のイメージをえがいたものです。

彗星から放出されたちりは，彗星の軌道付近に帯をつくり，公転を続けます。そして，同じく公転している地球がその帯を通過するとき，ちりが地球にぶつかってきて，流星群となるんです。

なるほど～！　はじめて知りました。地球のほうから，ちりの帯の中に定期的に突っこんでいってるんですね。だから流星群も決まった時期に見えるわけですね！

流星の中でも，特に明るいものが**火球**です。
国際天文学連合（IAU）は，火球を**「100キロメートルの距離でマイナス4等級よりも明るくなった流星」**と定義しています。この明るさは，金星が最も明るくなったときに相当します。

「隕石」は，燃えつきずに地上に落下した流星

さて，彗星や小惑星，惑星の破片は，大部分が流星として大気圏で燃えつきてしまいます。しかし，燃えきらないで地上に落下するものがあります。

隕石ですね！

その通りです。隕石にも分類があり，組成によって**石質隕石**（石を主体とする），**隕鉄**（鉄を主体とする），**石鉄隕石**（鉄と石がまじったもの）の3種に分けられます。

発見されている世界最大の隕石は，アフリカ南西部に落下した**ホバ隕石**で，重さが約60トンもあります。
ホバ隕石は，今から8万年前に落下してきたと見られています。

「60トン」って調べたら，クレーン車とか戦車とかが出てきましたよ。大昔に落下したものなんですね……。

1年間に落ちてくる重さ100グラム以上の隕石は，地球全体で2万個以上と推定されていますが，実際に発見されるのはほんの数個です。
また，巨大な隕石が落下すると，クレーターができます。地球ではその大部分は地殻変動や風化作用によって消えてしまいますが，こうしたクレーターは世界各地で200個弱が確認されています。

隕石衝突

太陽系の第９の惑星は存在するのか?

今まで見てきたように，太陽系には，惑星の定義にあてはまる天体が8個あります。しかし，まだ発見されていない**9番目の惑星**があるのではないかと唱える研究者たちもいます。

ええっ！　9番目の惑星ですって!?

現在では，赤外線観測衛星WISE《ワイズ》の探索によって，少なくとも木星・土星クラスの巨大惑星は，太陽から2万8000au（海王星軌道の約930倍）以内には存在しないことがはっきりしています。

なあんだ。ちょっと残念。

ところが，まだ議論は終わっていません。木星や土星のような巨大惑星は存在しませんが，質量が地球の数倍程度の惑星が存在する可能性はまだ否定されていないのです。それをうかがわせる証拠もあります。

本当ですか!?

その証拠というのは，太陽系外縁天体のうち，特に公転周期が長いものの軌道が，特定の方向にかたよっているように見えるという事実です。

ど，どういうことです？

太陽系外縁天体の中には，公転周期が数万年にもなる楕円軌道をもつものが複数，見つかっています。この軌道が，太陽に対して一定方向にかたよって見えるのです。

偶然ではなくてですか？

2016年にカリフォルニア工科大学のチームが発表した研究成果※によれば，**軌道半径が海王星の13～50倍，質量が地球の約10倍という第9惑星が存在すれば，この軌道のかたよりを説明できるそうです。**

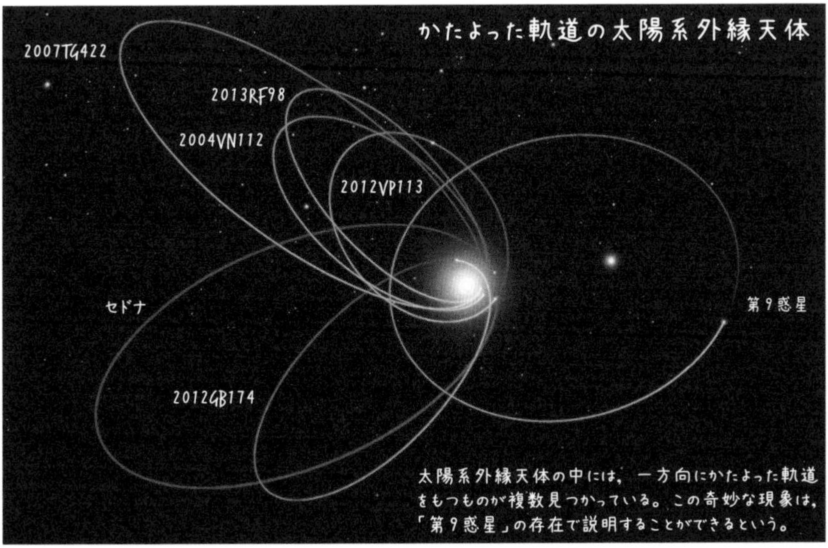

かたよった軌道の太陽系外縁天体

太陽系外縁天体の中には，一方向にかたよった軌道をもつものが複数見つかっている。この奇妙な現象は，「第9惑星」の存在で説明することができるという。

第9惑星が存在する可能性はゼロじゃないんですね。見つけることはできるんでしょうか？

※：K onstantin Batygin and Michael E. Brown, 2016, AJ, 151 22

現在，世界中で探索が進められていますが，まだ第9惑星は見つかっていません。
しかし，あまりにも見つからないため，第9惑星と思われている天体は，実は**原始ブラックホール**とよばれる極小ブラックホールなのではないか，と主張する人もいます。私たちの太陽系には，隠された第9の惑星が存在するのか，さらなる観測が期待されています。

太陽系の果てはどうなっている？

先生，1時間目で太陽系の範囲についてお話がありました。太陽系の果てって，どんな様子なんですか？

おさらいになりますが，太陽系は黄道面（天球上における太陽の平均的な通り道）を中心にして円盤状に広がっていて，その半径は**30～50au**と考えられています。
太陽から秒速400キロメートル以上の速さで噴きだしている太陽風は，海王星（太陽から約30au）までの距離の約5倍以上の範囲まで届いています。太陽風が届くということは，その距離まで，太陽が影響力をおよぼしているということです。

太陽風は100auをこえて届くんですね。

太陽風が届く範囲を，**ヘリオスフェア**（太陽圏）といい，この境界では，太陽風が天の川銀河の恒星間ガスに衝突して，せき止められています。

ヘリオスフェアは太陽系をガードする磁気シールドのような役目を果たしているんですね。
この，太陽風と恒星間ガスが衝突する面を**ヘリオポーズ**（衝突面）といいます。また，ヘリオポーズの内側には，太陽風が減速をはじめる**終端衝撃波面**という場所があります。

複雑な構造になっているんですね……。

探査機ボイジャー1号は2004年に，ボイジャー2号が2007年に，終端衝撃波面に到達しています。そして，ボイジャー1号が2012年に，ボイジャー2号は2018年に，太陽圏の外へと出ていきました。

うわあ～……。

そこからさらに千～10万au（10万天文単位＝約1.6光年）のところに，太陽を遠くから球殻状に取りまいている**オールトの雲**が広がっているんです。
オールトの雲は“彗星の巣”ともいわれており，長周期彗星はここからきていると考えられています。そしてこれが，現時点で人類が知る，太陽系の果てなのです。
ちなみに，ボイジャー2号は，約6万1000年後にオールトの雲を通過すると考えられています。

気が遠くなりそうです……。一体どんな風景なんでしょう。

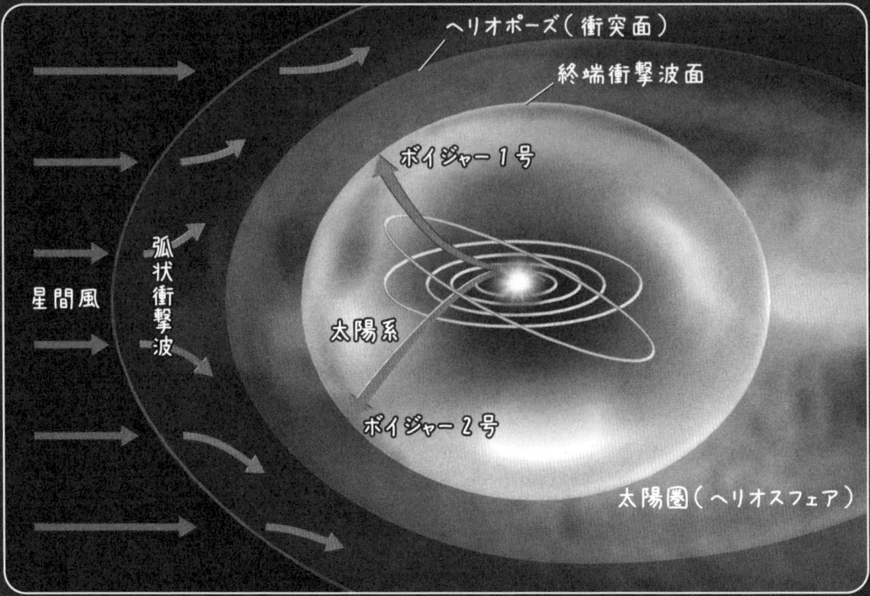
ヘリオポーズ（衝突面）
終端衝撃波面
ボイジャー1号
星間風
弧状衝撃波
太陽系
ボイジャー2号
太陽圏（ヘリオスフェア）

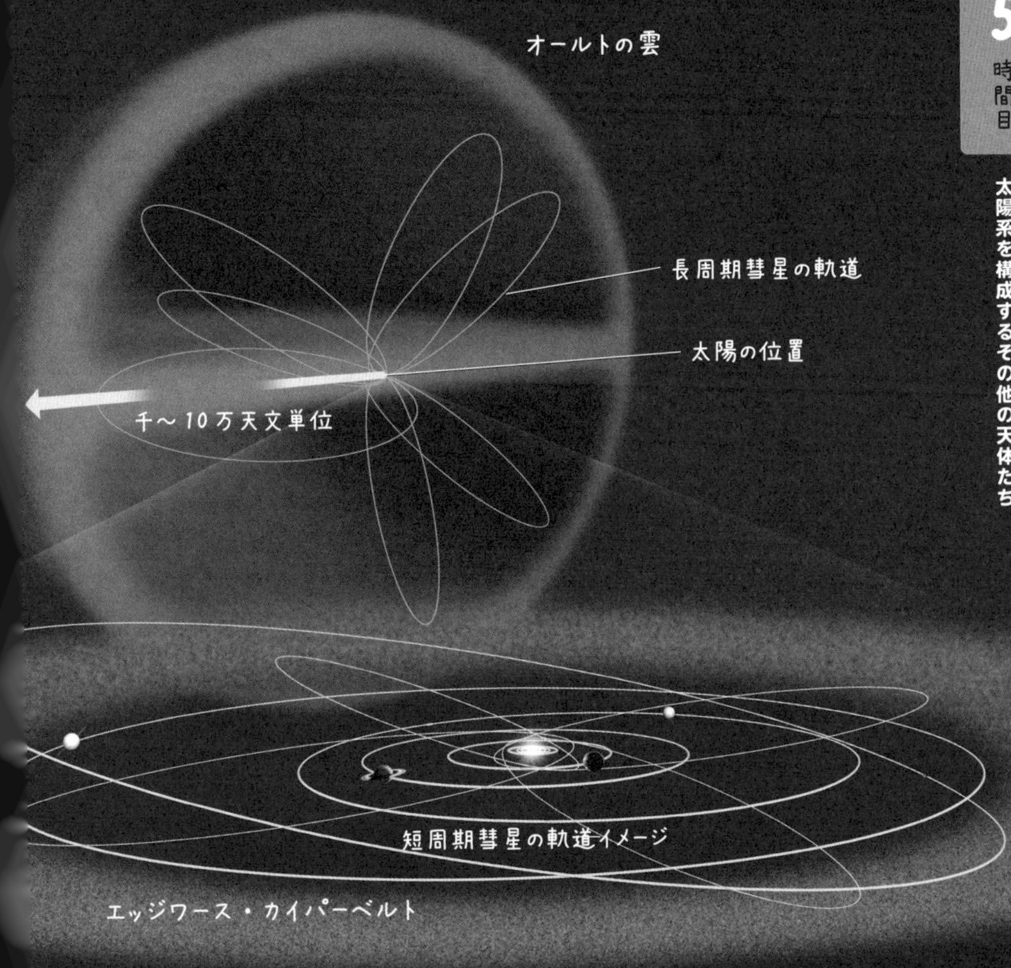
オールトの雲
長周期彗星の軌道
太陽の位置
千～10万天文単位
短周期彗星の軌道イメージ
エッジワース・カイパーベルト

6

時間目

太陽系の誕生と終わり

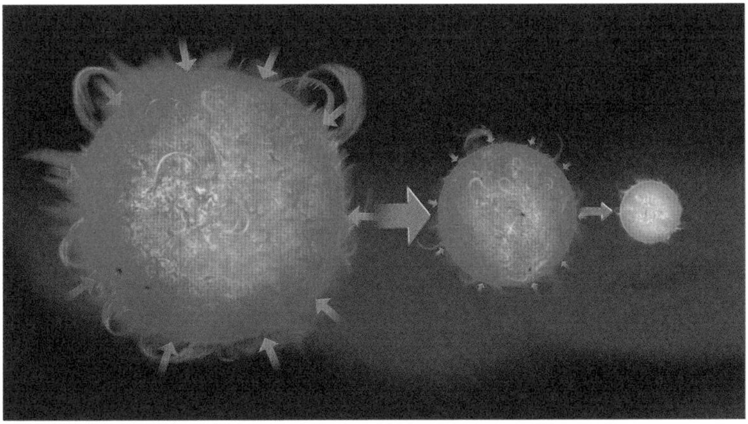

STEP 1

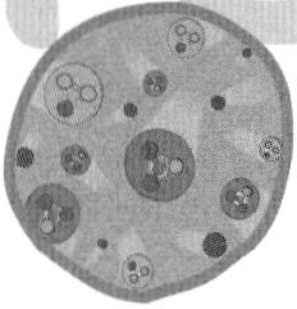

太陽系のはじまり

太陽と，太陽系のさまざまな天体を見てきました。最後に，太陽系はどのように生まれ，どのような過程を経て現在の太陽系になっていったのかをたどってみましょう。

138億年前に宇宙が誕生したとき，無数の恒星が生まれた

今まで見てきたように，太陽系は太陽を中心に，八つの惑星，そして多くの小天体によって構成されています。太陽系の“探査”のしめくくりとして，太陽系がどのようにして生まれ，現在の形になっていったのかについてお話ししましょう。

あまりの宇宙のスケールにボーッとしていますが……お願いします！

はじめにお話ししたように，太陽系は**約46億年前**に誕生しました。そして，宇宙そのものは，さらにさかのぼっておよそ**138億年前**に誕生したと考えられています。

ひゃあ〜……。
138億年前なんて，想像もつきません。

宇宙がどのように生まれたのか，まだ解明されていません。しかし，生まれた瞬間の宇宙は，原子よりも小さな“点”だったと考えられています。

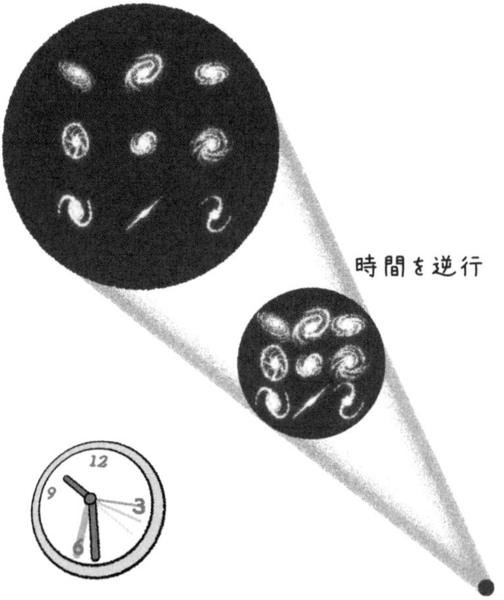

原子より小さい，点!?

はい。そして，小さな点はすさまじい勢いで膨張をはじめたというのです。
どれだけすさまじかったかというと，1秒の1兆分の1の，1兆分の1の，さらに100億分の1ほどのあいだ（10^{-34}秒）に，宇宙が1兆の1兆倍の，1兆倍の，さらに1000万倍の大きさになった（10^{43}倍）のです。
この，誕生直後の急激な膨張を**インフレーション**といいます。

ひいぃ〜！
ちょっと思考がついていきません。

まさに「天文学的な数字」ですよね。
さて，この急激な膨張も，やがて終わりをむかえます。あるときを境に，今度は急激に遅くなっていったと考えられています。たとえば水が氷になるとき，熱が放出されます（相転移）。それと同じように，膨張した宇宙から熱が放出されたと考えられています。そして，宇宙は灼熱の“火の玉”のような状態になりました。その温度は，**1兆度以上**あったと考えられています。これが**ビックバン**です。

1兆度って……。光と物質の世界ということですが，こんな状況で物質なんてできるんですか？

おっしゃる通り，あまりの高温で，原子は存在できません。
このとき誕生した物質が**素粒子**です。
灼熱の宇宙では，さまざまな素粒子がバラバラに飛び交っている状態だったと考えられています。
やがて，膨張した宇宙は徐々に温度が下がってきます。その結果，ばらばらに飛びかっていた素粒子たちがまとまりはじめ，**陽子**と**中性子**が誕生しました。
そして，原子核に陽子1個をもつ最初の元素，**水素**が誕生したのです。

元素番号1番ですね！　それだけは覚えています……。

ですから，**初期の宇宙に存在した元素は，ほとんどが水素だったと考えられています。**
そして，原子核どうしがぶつかり合うこと（核融合反応）により，**ヘリウム**ができ，こうして少しずつ元素ができていったのです。

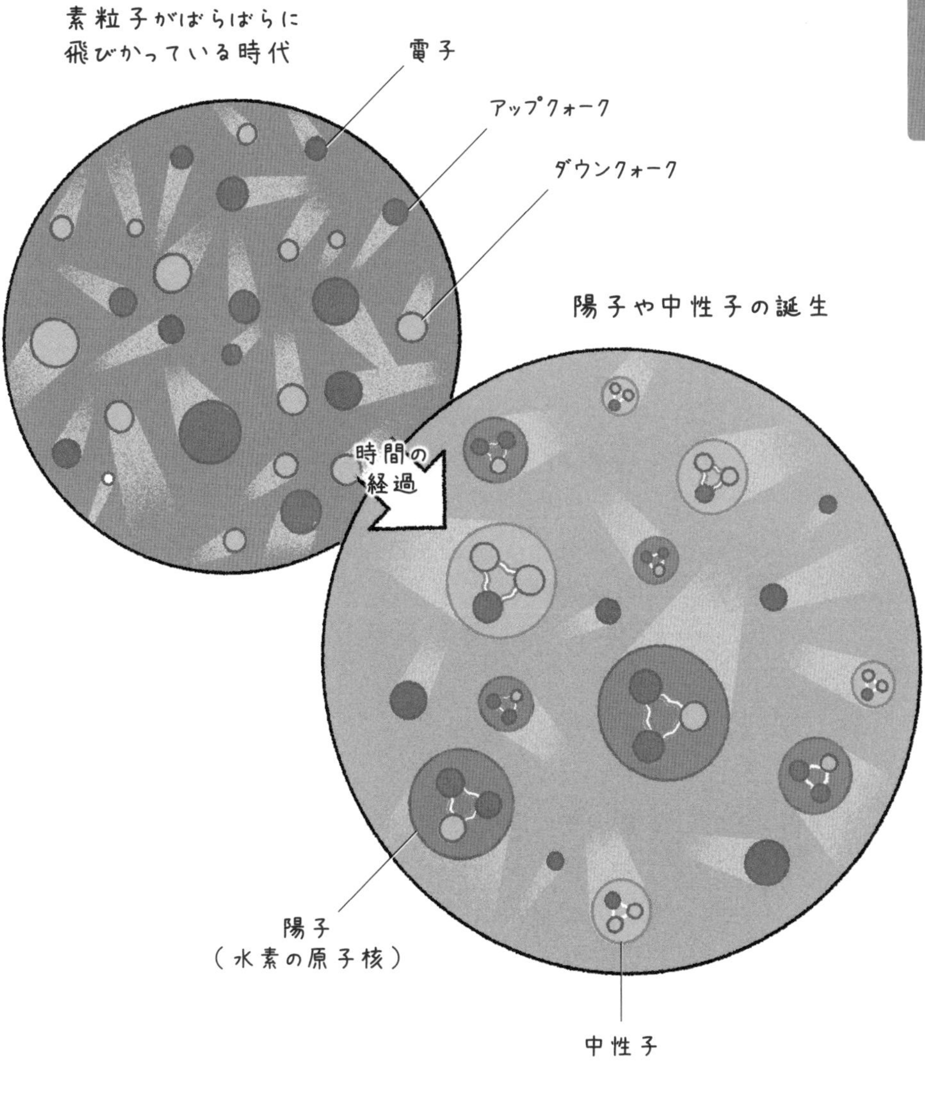

そして，水素の密度の高い場所には，それによって生じた重力により，さらに多くの水素原子が集まるようになり，**水素分子のガス**ができていきます。これは**分子雲**といい，特に濃度の高い分子雲を**星間雲**といいます。

水素のガスが集まるということは……ひょっとして，そこから星が生まれるわけですか？

その通りです。宇宙誕生から約3億年たったころ，あちらこちらで太陽の重さの100分の1くらいのガスのかたまりへと成長しました。これが“星の種”となります。
このような星の種が，1万年から10万年をかけて，周囲からガスをさらに集めました。そして，核融合によってみずから光り輝く，**最初の恒星（ファーストスター）**が誕生したのです。
最初の恒星は，さらに核融合反応をくりかえし，ヘリウムのほか**リチウム**，**炭素**，**鉄**と，どんどん別な元素ができていきました。
そして，核融合反応がすすむにつれてファーストスターはどんどん膨張していき，やがて核融合反応が止まると，大爆発をおこします。これが**超新星爆発**です。

とんでもない規模の爆発ですね！

この超新星爆発によって，ファーストスターの内部でつくられたさまざまな元素が宇宙にばらまかれました。さらに，爆発のエネルギーによって，鉄より重い元素もつくられた可能性があります。

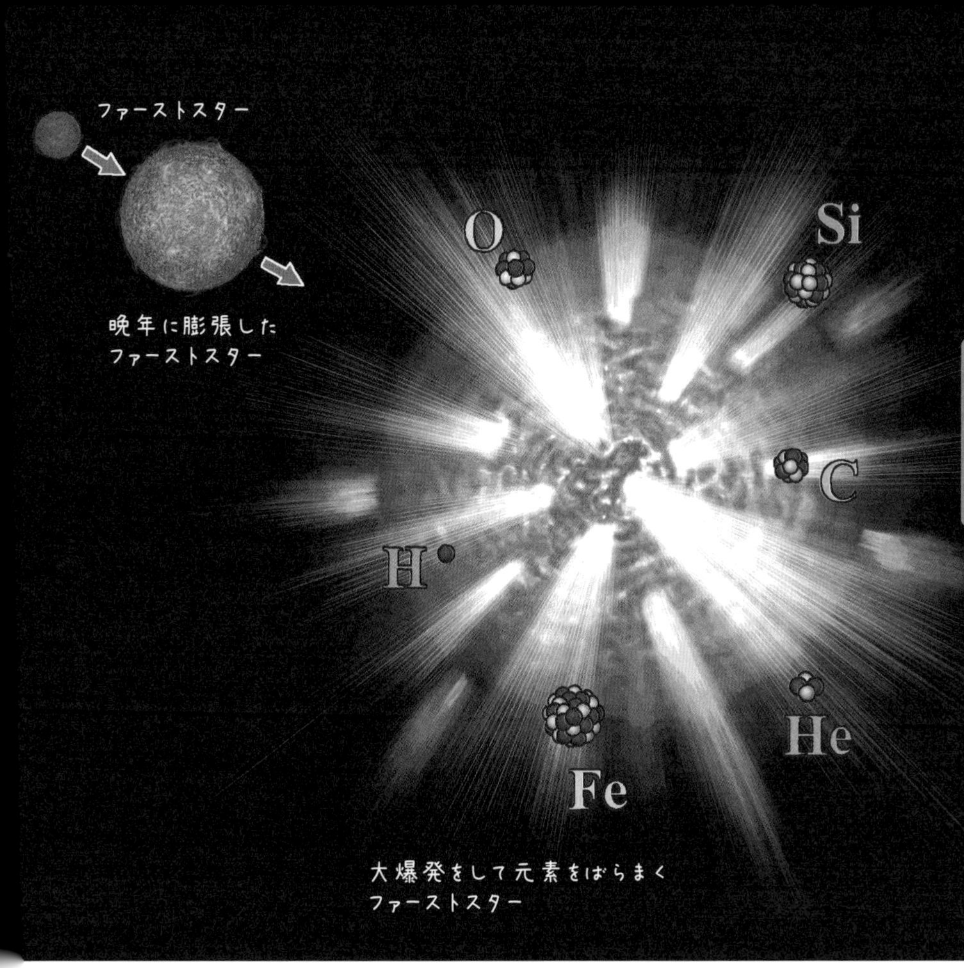

こうして宇宙に重い元素が増えて，次の世代の惑星の材料となる**ちり**ができ，太陽を含む，第2世代以降の恒星がつくられていったのです。
こうして続々と誕生する恒星の集団が**銀河**となり，そのうちの一つが，太陽系が属する**天の川銀河（銀河系）**なんですね。

なるほど……。

原始太陽は，“水素ガスの雲”から生まれた

原始太陽も，水素が集まった星間雲から生まれたと考えられています。星間雲は，中心のガスのかたまり“星の種”を中心に，回転しながらはげしくちぢんでいきます。回転がちぢんでいくと，星間雲の中心部の温度，圧力，密度がしだいに高くなり，やがてちぢむスピードがおだやかになり，光り輝くガス球ができます。これが**原始太陽**です。

まだ赤ちゃんの太陽といったところですね。

そうです。生まれたばかりの太陽は，半径は現在の10倍はあったと思われ，色も赤っぽく，明るさも現在の10倍あったと考えられています。また，中心部の温度はまだ低く，現在の太陽のように，水素を燃やしてヘリウムに変える核融合反応はまだはじまっていません。

まだまだ現在の太陽とはぜんぜんちがうんですね。

そうです。原始太陽のまわりに取り残された星間雲は，回転によって，次第に平らなガス円盤となっていき，**原始太陽系円盤**ができます。
円盤の大きさは中心から半径100au（約150億キロメートル）くらいで，質量は太陽の質量の約1％であったと考えられています。このガス円盤のほとんどは水素やヘリウムなどのガスで占められていて，その中に約1％の割合で固体のちりが含まれていたと推測されます。

円盤のガスは，かたちづくられたすぐあとは，はげしい乱流状態にありました。
中心の原始太陽には，ガス円盤からたくさんのガスが落ちこみ，重力エネルギーが生まれます。そのため，下のイラストのように，中心から円盤に対して垂直の方向に向かう，ガスのはげしい噴出（ジェット）が見られたと思われます。

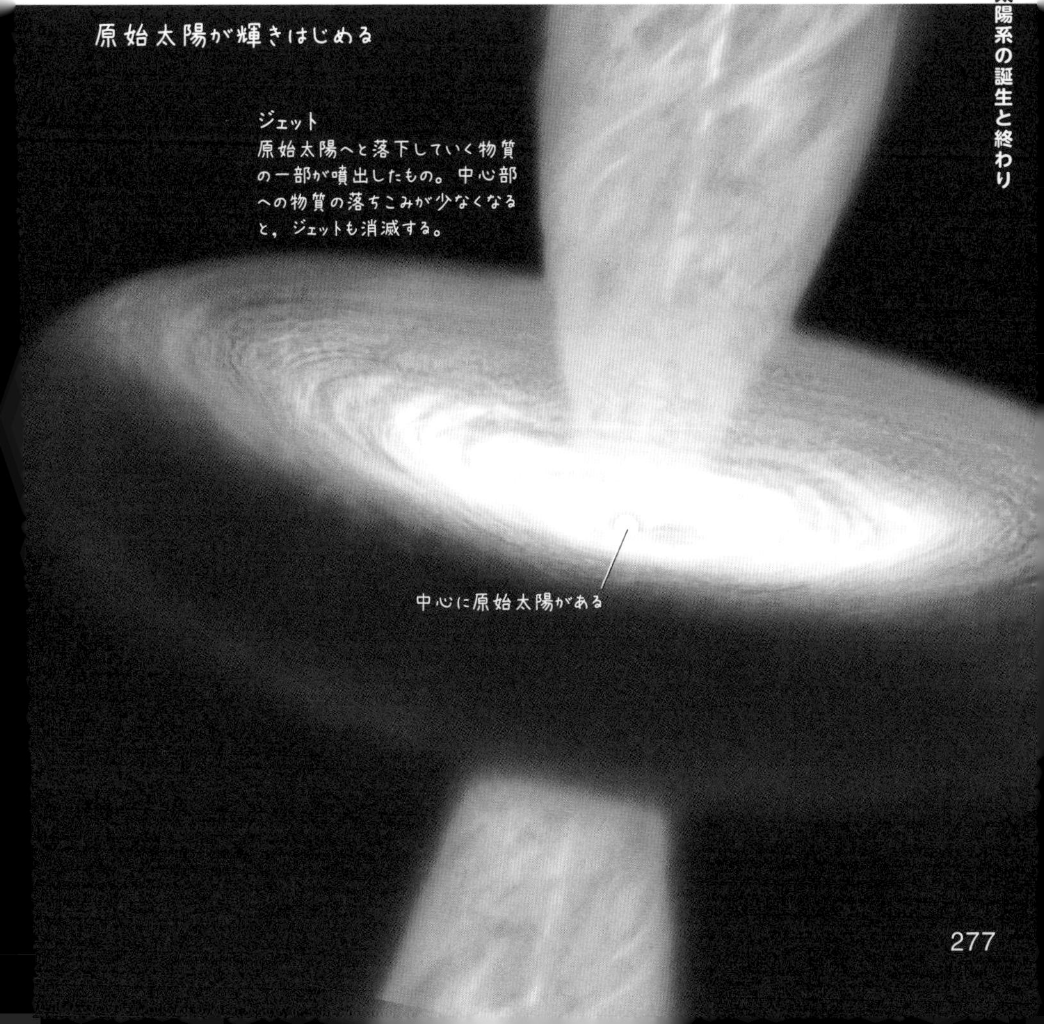

無数のちりが衝突して「原始惑星」が生まれた

原始太陽の収縮が終わると，ガス円盤は冷え，固体のちり（ケイ酸塩など）が集まりはじめます。無数のちりは，回転するガス円盤の遠心力と原始太陽の引力を受けて，ガス円盤の赤道面にひらひらと舞い落ちていきます。

ちりが赤道面上にたまり，その密度が増加すると，ちりどうしの引力のほうが太陽からの引力の効果よりも大きくなります。すると，ちりの層は重力的に不安定な状態となり，ばらばらのかたまりになっていきました。

こうしてできた，直径が数キロメートルの小天体が微惑星です。

やっと微惑星ができた！ “惑星の種”ですね。

そうです。**微惑星の数は，太陽系全体で100億個にも達したと考えられています。**
微惑星は，原始太陽のまわりをほぼ同じ平面の上で円をえがいてまわっていました。しかし，やがておたがいの重力（引力）によって軌道を乱し合い，軌道が交差すると衝突と合体をくりかえし，しだいに大きくなっていきました。
大きい微惑星はより多く衝突し，さらに大きくなって原始惑星へ成長したと考えられています。

微惑星の衝突と合体

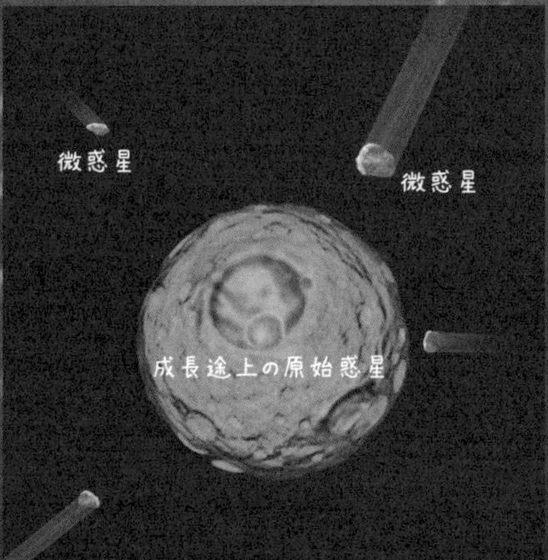

これは，大きな微惑星ほど重力も大きく，より広い範囲から微惑星を引きつけることができるので，衝突する確率が急激に大きくなるからです。このような速い成長を**暴走的成長**とよびます。
微惑星は円盤の内側ほど密集していて，なおかつ速くまわっているため，衝突する頻度が高くなります。つまり，**原始惑星は太陽に近い場所から先にできあがっていったのです。**

「岩石惑星」「ガス惑星」の誕生

さて，円盤のガスは，中心の太陽へと落下していったり，太陽からの紫外線やX線などで熱せられてちりぢりになるなどして（光蒸発），徐々に失われていきます。
円盤のガスが失われると，原始惑星はたがいの重力によって円軌道が乱れ，さらにはげしく衝突するようになるんです。
これが**巨大衝突（ジャイアント・インパクト）**とよばれる，原始惑星どうしの大規模な衝突です。
こうして，水星，金星，地球，火星という，主に岩石でできた岩石惑星（地球型惑星）の原形が誕生したのです。

こうやって生まれたのか〜！

また，木星の軌道よりも外側では，低温のために水氷が凝縮し，材料物質がずっと多くなります。そのため，地球の5〜10倍の質量をもつ天体が誕生しました。

天体がこのサイズになると，周囲の原始惑星系円盤からどんどんガスを取りこむようになります。こうして木星や土星などの**巨大ガス惑星**が誕生したんです。

なるほど。

しかし，核の成長は，外側の軌道になればなるほど時間がかかります。それに円盤のガスはだんだんと失われていくのですから，木星より外側にある土星は，木星よりもガスを取りこむ時間がありませんでした。
そのため，土星の質量は，木星の質量の3分の1程度にとどまっていると考えられています。
また，さらに外側の天王星や海王星では，核の成長がもっと遅れたため，消失しかけたガス円盤から，かろうじて少量のガスを取りこむことしかできなかったと考えられています。

原始太陽から“現在の太陽”へ

こうして円盤のガスが失われていくと，円盤は次第に晴れ，こうして光り輝く太陽の光があらわれたのです。

太陽はずっと輝いていたのが，ガスで見えなかったわけなんですね！

そうです。しかし，そのころの原始太陽は，中心核の密度が低く，核融合反応はまだはじまっていません。

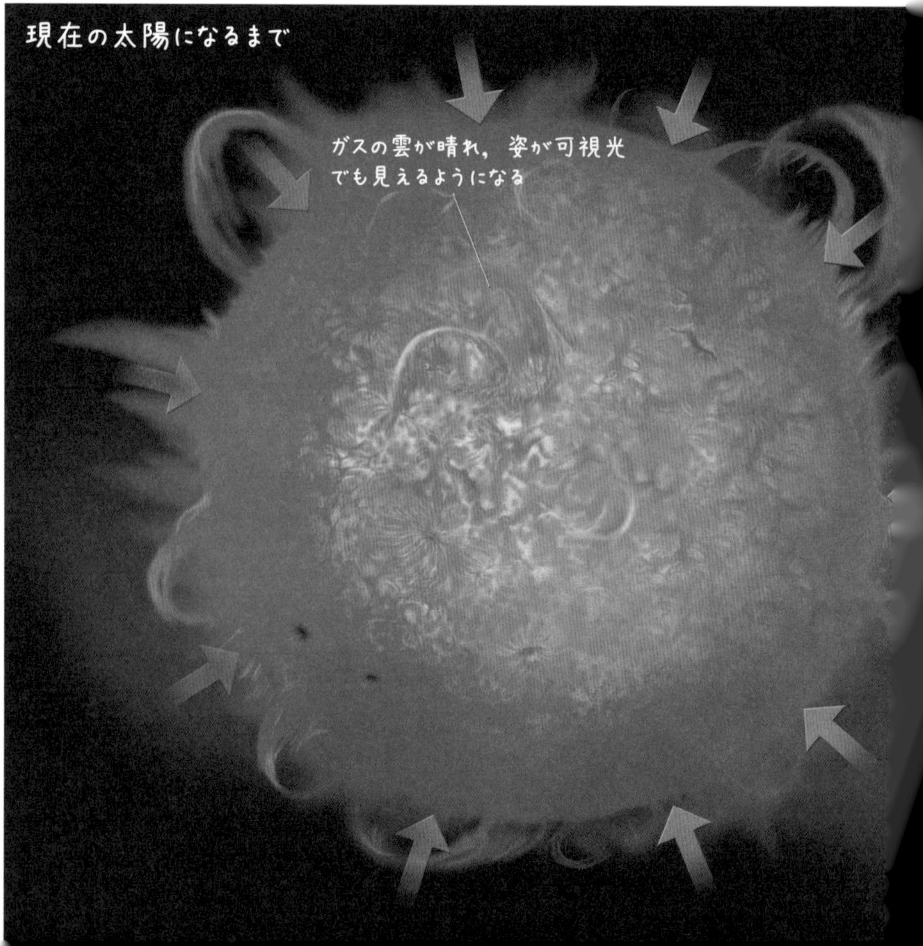

自分の重力によってちぢみ続けた太陽の中心部では，しだいに密度が高くなっていき，それによって高温になると考えられます。そして，温度が1000万℃に到達すると，水素の核融合がはじまります。
核融合がはじまると，今度は，ふくらもうとする力が生まれます。そして，核融合によってふくらもうとする力と，重力によってちぢもうとする力がつり合い，こうして，安定して輝く太陽の時代がはじまるのです。

最初の恒星が生まれてから，途方もない時間を経ているんですね……。

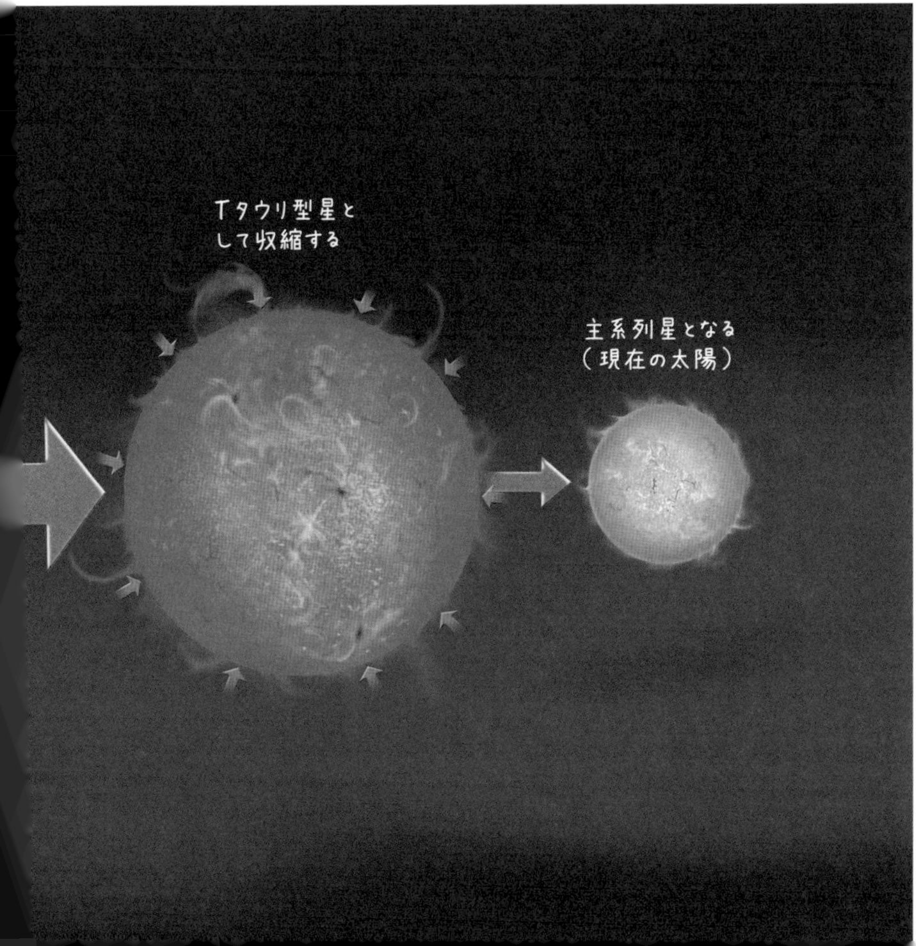

STEP 2

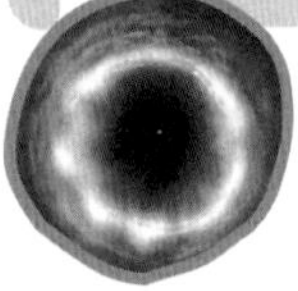

太陽はやがて燃え尽きる

太陽系の中心で燦然と輝く太陽も，やがて燃え尽きるときがやってきます。そして，太陽系にも終わりがきます。その最期はどのようなものなのでしょう。

燃料が尽きた太陽はふくれあがる

STEP1では太陽系のはじまりをたどりました。一方で，太陽はやがて燃え尽きると考えられています。

太陽が，燃え尽きる!?

そうなんです。現在，太陽の中心核では核融合がおこなわれています。しかし，その燃料である水素が使い尽くされてしまうんですね。

太陽系はどうなっちゃうんですか!?　いつごろ燃え尽きてしまうのですか!?

まあまあ落ち着いて。太陽が燃え尽きるのは，**約50億年後**と考えられています。まだまだ先なんですよ。最後に，太陽および太陽系がどのように終わるのかを見届けて，この太陽系の探索のしめくくりとしましょう。

わかりました。びっくりした……。

さて，太陽の中心核にある水素を使い尽くすと，中心核はヘリウムだけになってしまうんですね。そうなると，中心核ではもう水素の核融合反応はおきません。そのため，中心核はみずからの重力によって，どんどん縮んでいきます。
中心核が縮むと熱が発生し，その熱で，やがて中心核のまわりが高温になります。
すると，中心核のまわりで残りの水素が核融合をおこし，太陽の外層がふくらみはじめると考えられています。

外側の層がふくらむ？

太陽はどんどんふくらみ，太陽の表面の温度が下がります。このため太陽の色は，現在の黄色から赤色へ変わっていき，さらに約10億年後には，巨大な**赤色巨星**《せきしょくきょせい》となります。
直径は現在の200倍以上，体積は800万倍以上という，巨大な星になると予想されています。

ひゃあ～！

ふくれあがった太陽は，この段階では地球の軌道までは達しないと考えられていますが，水星や金星は飲みこまれ，崩壊して蒸発してしまうと考えられています。
また，地球も太陽の重力の影響を受けて，太陽系の外に投げだされる可能性があります。

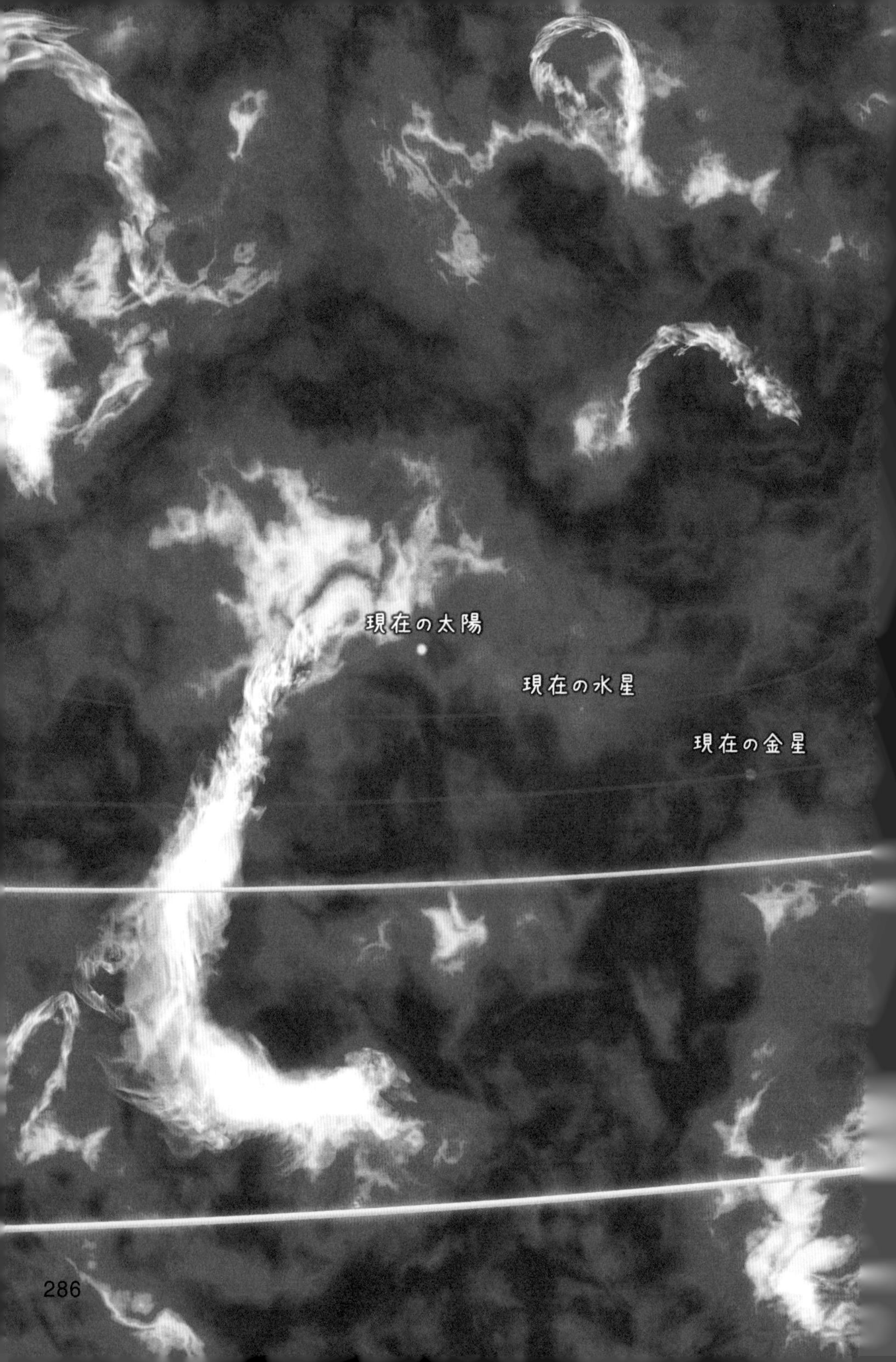
現在の太陽
現在の水星
現在の金星

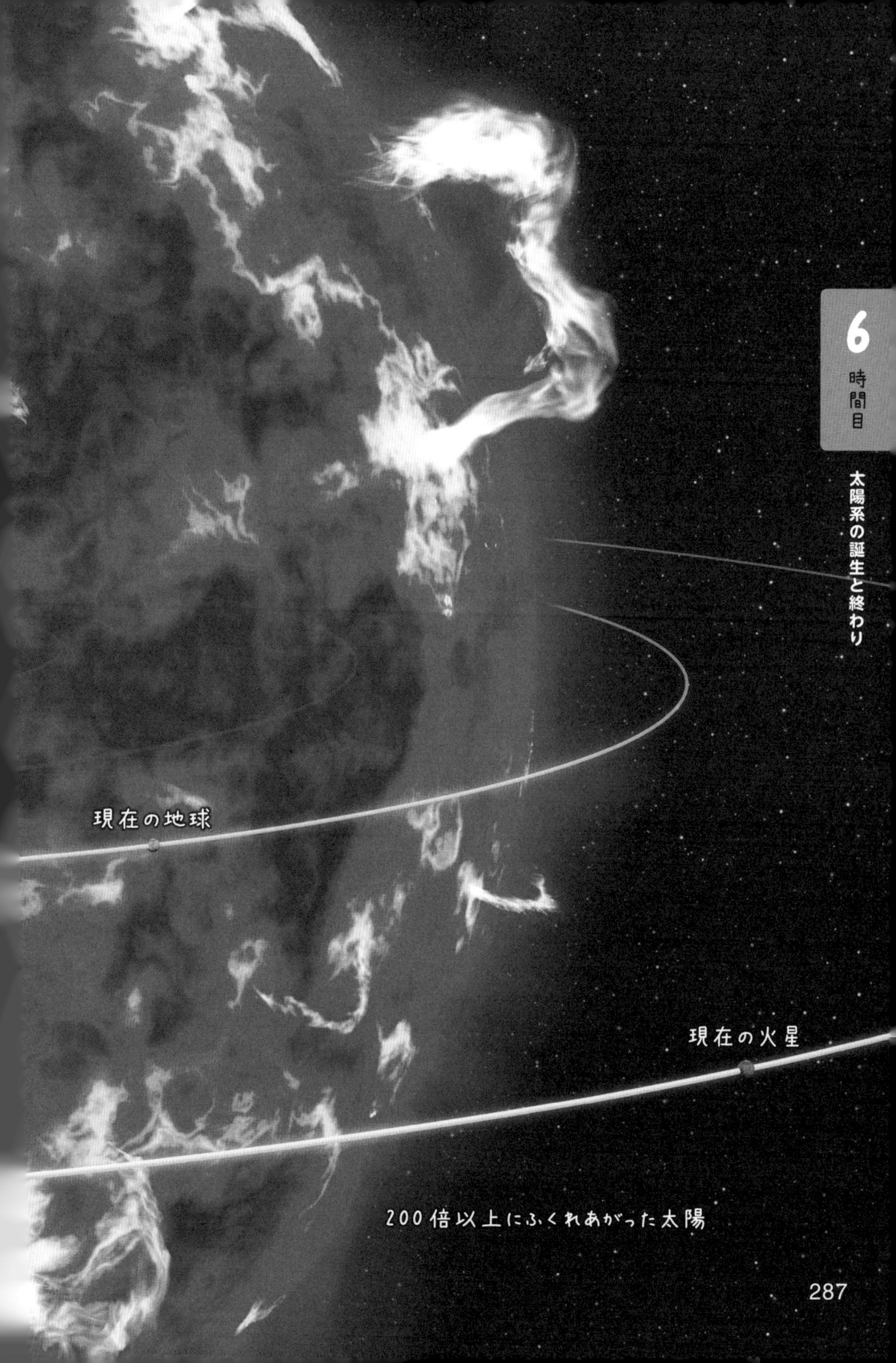
現在の地球
現在の火星
200倍以上にふくれあがった太陽

岩石惑星は，ふくれあがった太陽に飲みこまれる

先生，水星や金星が蒸発し，地球が投げだされるかもしれないとおっしゃっていましたが，太陽系はどうなっちゃうんですか？

地球は，放りだされなかったとしても，最終的には太陽に飲みこまれる運命にあるようです。
まず，大膨張をとげた太陽は，今度は急激に収縮に転じ，今度はふたたび縮んでしまうのです。

今度は縮む!?

残りの水素がなくなると，今度はヘリウムが核融合をおこすからです。ヘリウム原子核どうしの核融合によって炭素原子がつくられ，さらに炭素原子核とヘリウム原子核が核融合反応をおこすことで，酸素の原子核がつくられます。ヘリウムの核融合反応がはじまると，太陽の圧力が安定するので膨張が止まります。さらに，広がっていたガスが重力によって縮んでしまうのです。

最後に，小さく縮んで終わってしまうのですか……。

ところが！
ここで終わりではありません。その後，また大膨張をはじめるのです。

またまた大膨張!? なぜですか？

しくみは，最初に赤色巨星になったときと同じメカニズムで，今度はヘリウムがなくなることで大膨張をはじめます。そして今度は，赤色巨星よりもさらに巨大な**漸近**《ぜんきん》**巨星分枝星**《きょせいぶんしせい》になるのです。

赤色巨星よりも大きくなるなんて！

このとき，太陽が大量のガスを放出しているので質量がさらに減少し，重力も弱くなっています。このため地球の軌道も今より広がっていると思います。
しかし，地球は膨張して希薄になった太陽の中を公転し続け，やがてガスの抵抗を受けて，少しずつ太陽の中心に落ちこんでいきます。
そして太陽の重力（潮汐力）によって粉々になり，その破片は溶けて蒸発してしまうでしょう。

地球の終わりというわけですか。

また，このときの膨張は，地球の外側の火星まで飲みこむ可能性があるといわれています。

火星も終わりをむかえるのですね……。

太陽に飲みこまれていく地球

膨張した太陽が，地球を飲みこむ。太陽に飲みこまれた地球は，完全な死をむかえる。

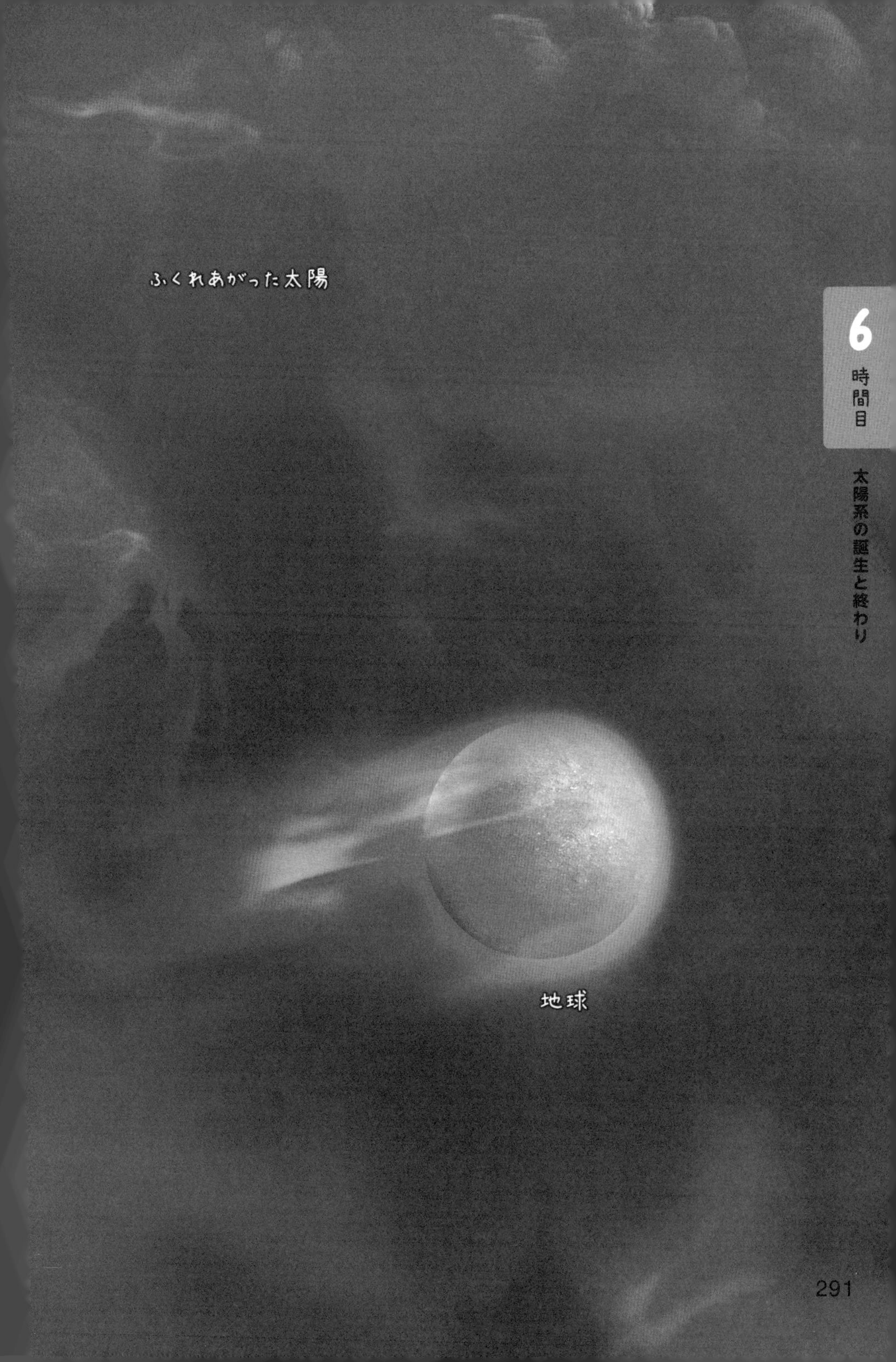
ふくれあがった太陽
地球

燃え尽きた太陽は，宇宙空間にポツンと漂う

地球を飲みこむほどの大きさに膨張した漸近巨星分枝星の太陽は，さらに膨張と収縮をくりかえすと考えられています。
その過程で，太陽をつくっていたガスがどんどん宇宙空間に逃げだして，太陽は小さくなっていき，最後は**白色《はくしょく》矮星《わいせい》**になります。
白色矮星とは，外層が取り払われたあとに残った，もとの恒星の中心部分のことで，1立方センチメートルあたり1トンもの重さをもつ，高密度の天体です。

とんでもない密度ですね！　白色矮星も，どんどん縮んでいくんですか？

白色矮星となった太陽には，ヘリウムの核融合反応でつくられた酸素と炭素の核が残ります。
酸素・炭素の核融合反応には，密度によって大きく変わるものの，数億℃もの高温が必要です。しかし，太陽の質量では，どんなに圧縮してもその温度まで上がらないことが計算でわかっています。そのため，核融合のおきない太陽は，自分の重力で縮み続けることになります。
そして，縮み続ける太陽の内部では，粒子が小さい空間に追いこまれていきます。

ふむふむ。

イギリスの数学者・理論物理学者**ラルフ・ファウラー**（1889～1944）の説によると，超高密度の状態では電子のつめこみが限界に達し，圧縮に対して反発するようになるといいます。
この，反発する力（縮退圧）と重力がつり合うと，太陽は縮みもせず，核融合もおきない静止状態になります。この状態になると，太陽はもはや大きくも小さくもなりません。これが白色矮星であり，太陽が最期にむかえる姿と考えられています。

なるほど，だからそんなに高密度になるんですね。

白色矮星の表面温度は1万℃以上で白く輝き，大量の紫外線を放出します。この紫外線が周囲のガスを色とりどりに輝かせます。これが，**惑星状星雲**とよばれる天体です。

美しいですね……。
木星とか土星といった，外側の惑星はどうなっているんですか？

土星などの外の惑星は生き残っていて，白色矮星のまわりをまわっているだけかもしれません。
白色矮星は核融合反応をおこなっておらず，余熱で輝いているだけなので，ゆっくりと冷えていきます。紫外線の放出も1万年程度で止まって，惑星状星雲の輝きも失われます。

色あせていくわけですね。

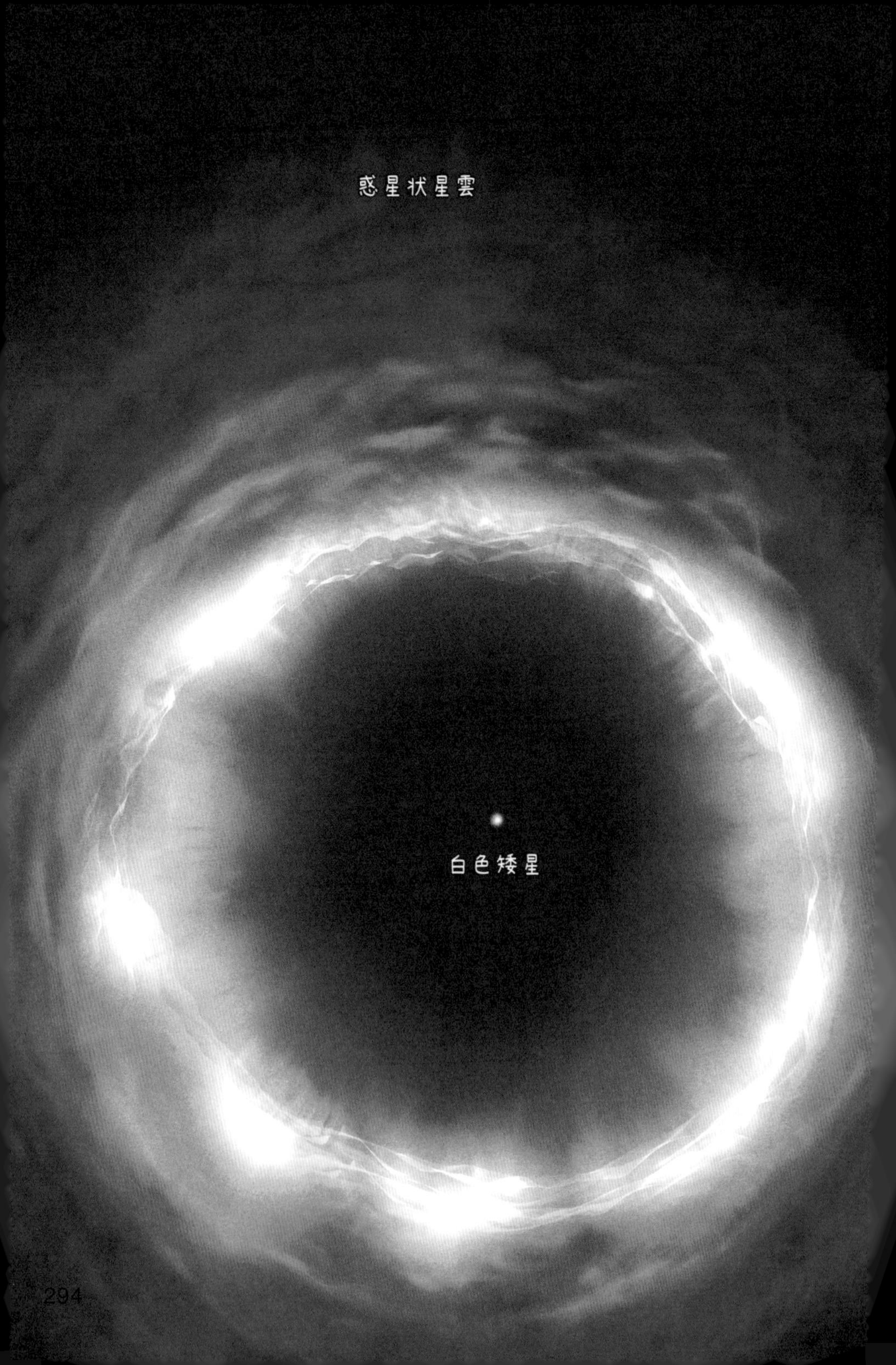
惑星状星雲
白色矮星

白色矮星には，これ以後，基本的に変化はおきません。
つまり白色矮星になった段階で，太陽は実質的に死をむかえたといえるでしょう。
そして完全に冷えきると，輝きを失った星の残骸として，宇宙空間にポツンと残されることになります。

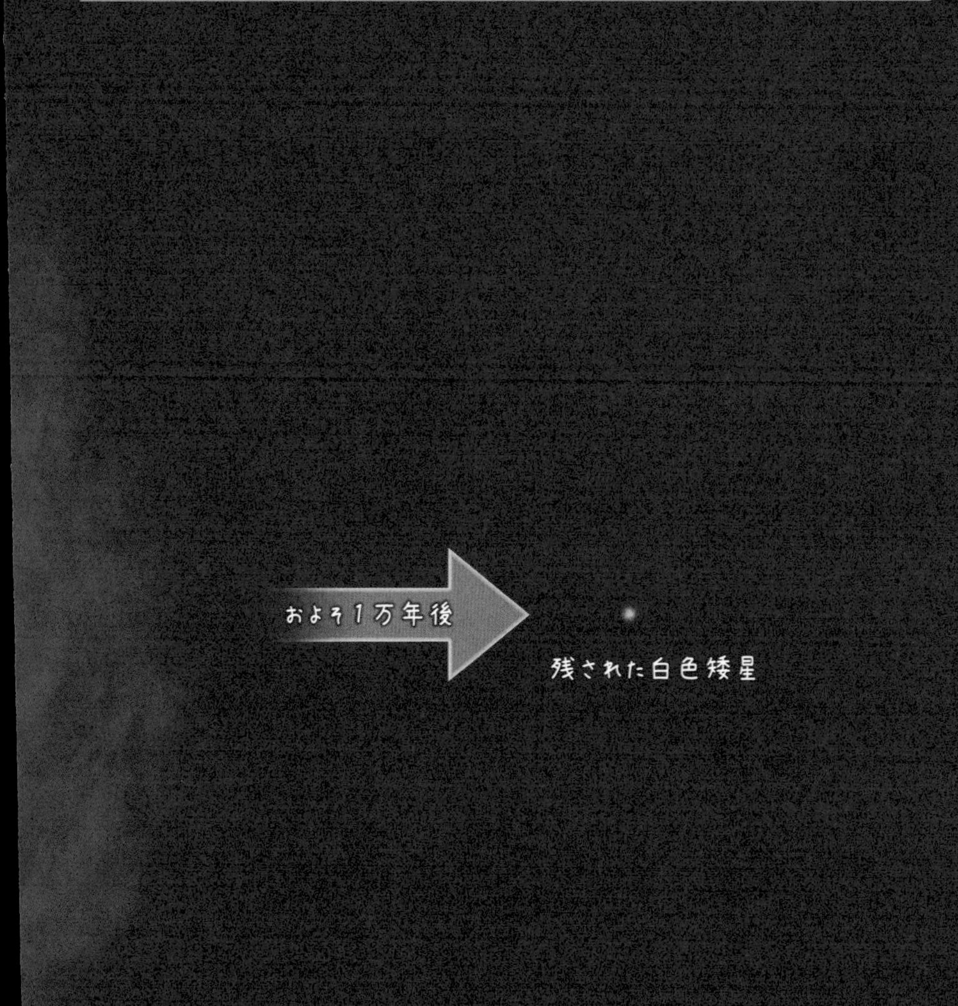

壮絶な最後ですね……。

さて，太陽系をめぐる探索はこれでおしまいです。どうですか，住んでみたい惑星は見つかりましたか？

太陽系について，いや地球そのものについてすら，私はほとんど何も知りませんでした。
最初は火星移住計画とか，どの星に住めそうかなんて気になっていたんですけど……。見ていけば見ていくほど，宇宙のスケールに圧倒されてしまいました。
それに，宇宙探査機のとてつもない技術にも衝撃を受けました。どの星に住めるだろうかという発想が生まれるのも，こうした技術や研究によって，宇宙が身近に感じられるようになったからですよね。
先生，**どうもありがとうございました！**

索引

S

あ

か

さ

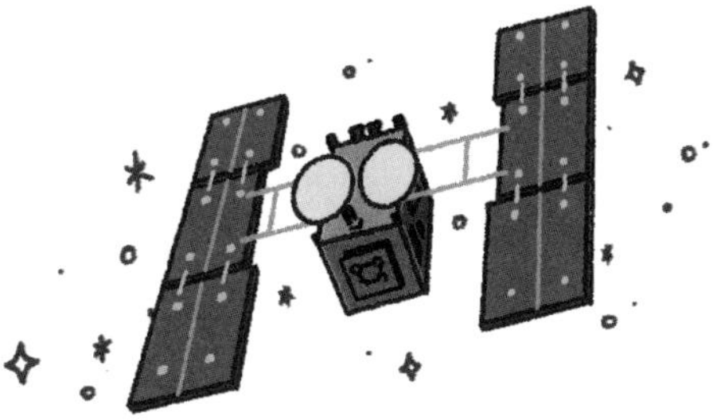

た

な

は

ま

や・ら・わ

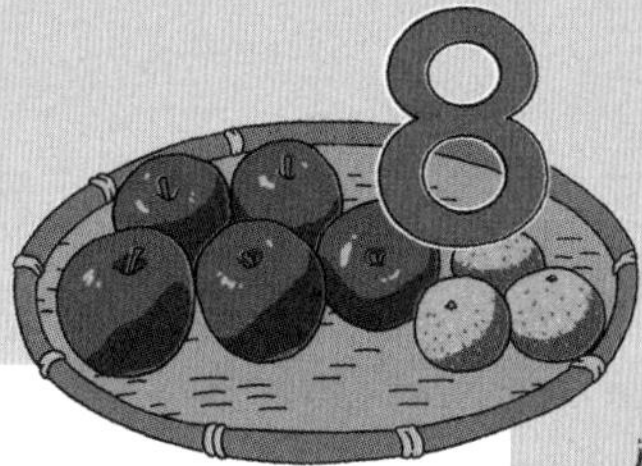

主な内容

数と計算の基本

整数の計算をしよう！
小数と分数の計算をしよう！

図形の基本

平面図形をマスターしよう！
立体図形をマスターしよう！

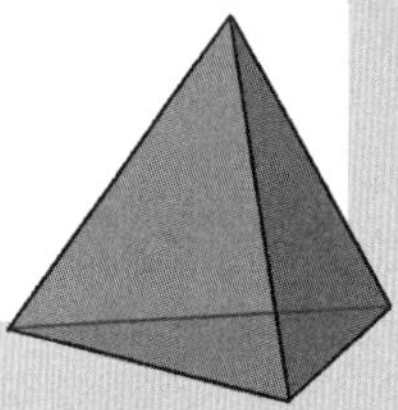

つまずきやすい「割合」と「速さ」

「割合」と「比」って何？
「速さ」を使いこなそう

データをうまく活用しよう

データをグラフにあらわそう
トーナメント戦とリーグ戦のちがい

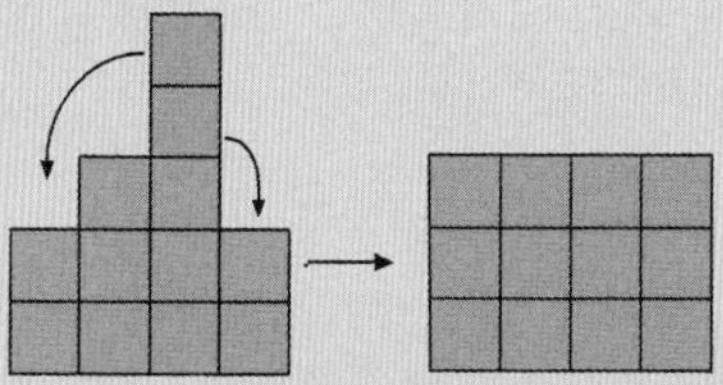

Staff

Editorial Management　中村真哉
Editorial Staff　井上達彦，宮川万穂
Cover Design　田久保純子
Writer　小林直樹

Illustration

表紙カバー	松井久美	73	藤丸恵美子	131	松井久美	235	松井久美
表紙	松井久美	74	羽田野乃花	136	松井久美	240	松井久美
生徒と先生	松井久美	78	松井久美	138	佐藤蘭名	256	奥本裕志
4~10	松井久美	84-85	荒内幸一	155	羽田野乃花	258	吉原成行
14~17	松井久美	92~101	松井久美	168~171	松井久美	261	小林 稔
22~25	松井久美	118	黒田清桐	185	松井久美	281	松井久美
40	松井久美	123	門馬朝久	196-197	田中盛穂	282-283	木下 亮
53~55	松井久美	126	松井久美	221	大下 亮	297~303	松井久美
59~65	松井久美	129	羽田野乃花	222	小林 稔	表記以外	Newton Press

Photograph

28-29	NASA
67~69	NASA/SOHO
77	NASA/GSFC/SOHO/ESA To learn more go to the SOHO
90	SOHO（ESA&NASA）
96	NASA/Johns Hopkins APL/Ben Smith
97	国立天文台/NASA/GSFC/SolarDynamics Observatory/NASA
106	NASA/Johns Hopkins University Applied Physics Laboratory/Carnegie Institution of Washington
163	NASA
172~173	NASA/JPL/Cornell/Max Planck Institute, NASA/JPL/Cornell
176	NASA/JPL/USGS
186,192	NASA,ESA,and J. Nichols（University of Leicester）,NASA and the Hubble Heritage Team STScl/AURA Acknowledgment : NASA/ESA, John Clarke University of Michigan, JPL/NASA/STScl,
194	NASA
202,204	NASA/JPL/ASI/University of Arizona/University of Leicester, NASA/JPL-Caltech/Space Science institute
206	NASA/JPL-Caltech/SSI/Cornell, NASA/JPL
211	NASA/JPL-Caltech/University ofArizona/University of Idaho, NASA/JPL/University of Arizona/DLR, NASA/JPL-Caltech/ASI, A. D. Fortes/UCL/STFC
216	NASA/JPL/Space Science Institute, NASA/JPL-Caltech
225	NASA/JPL-Caltech, NASA, ESA, and M.Showalte（SETI institute）
233	NASA, NASA/ESA/CSA/STScl
241,243	NASA/JHUAPL/SwRI
301	NASA

監修（敬称略）：
杉田精司（東京大学大学院教授）

やさしくわかる！
文系のための 東大の先生が教える

太陽と惑星

2024年7月10日発行

発行人　松田洋太郎
編集人　中村真哉
発行所　株式会社 ニュートンプレス　〒112-0012 東京都文京区大塚3-11-6
https://www.newtonpress.co.jp/
電話　03-5940-2451

ISBN978-4-315-52822-0